AI短视频高手速成

高手速成

一键生成与剪辑

隐军◎著

U0394879

机械工业出版社
CHINA MACHINE PRESS

图书在版编目（CIP）数据

AI 短视频高手速成：一键生成与剪辑 / 隐军著 .
北京：机械工业出版社，2025. 2. -- ISBN 978-7-111
-77690-1

Ⅰ．TP317.53

中国国家版本馆 CIP 数据核字第 2025SK8891 号

机械工业出版社　（北京市百万庄大街 22 号　邮政编码 100037）

策划编辑：孙海亮　　　　　　　　　责任编辑：孙海亮
责任校对：张勤思　张雨霏　景　飞　　责任印制：刘　媛
涿州市京南印刷厂印刷
2025 年 3 月第 1 版第 1 次印刷
170mm×230mm · 15.75 印张 · 259 千字
标准书号：ISBN 978-7-111-77690-1
定价：69.00 元

电话服务　　　　　　　　　　网络服务

客服电话：010-88361066　　　机 工 官 网：www.cmpbook.com
　　　　　010-88379833　　　机 工 官 博：weibo.com/cmp1952
　　　　　010-68326294　　　金 书 网：www.golden-book.com
封底无防伪标均为盗版　　机工教育服务网：www.cmpedu.com

写作驱动

在短视频浪潮席卷全球的今天，创作高质量、高吸引力的短视频已成为众多内容创作者、营销人员乃至普通用户关注的焦点。

然而，在短视频的生成与剪辑过程中，创作者们往往面临着诸多痛点：从灵感的产生到文案的撰写，从素材的搜集到视频的编辑，每一步都需耗费大量时间与精力，且效果往往难以达到预期。尤其是在这个快节奏的时代，如何快速、高效地创作既符合潮流又富有创意的短视频，成为摆在每个人面前的难题。

正是基于这样的背景，本书应运而生。本书旨在通过 AI 技术赋能短视频创作，帮助广大读者轻松跨越短视频创作的重重障碍，实现技能的飞跃式提升。本书不仅深入剖析了短视频生成与剪辑的痛点，更创新性地提出了利用 AI 技术解决这些问题的方案，让创作变得简单而高效。

痛点分析

❶ **灵感匮乏**：面对空白的画布，如何快速激发创意，找到独特的视频主题？

❷ **文案编写困难**：如何撰写既吸引眼球又符合视频内容的文案？

❸ **素材搜集烦琐**：如何在海量资源中快速找到适合的素材，并进行有效整合？

❹ **剪辑技术门槛高**：如何掌握复杂的剪辑技巧，让视频流畅而富有表现力？

❺ **时间成本高**：如何在繁忙的生活和工作中，挤出时间完成高质量的短视频创作？

针对这些痛点，本书通过引入 AI 技术，提供了全新的解决方案。无论是 AI 生成文案或视频，还是利用 AI 辅助剪辑，都能极大地降低创作门槛，提高创作效率。

本书特色

本书集实用性、创新性与前瞻性于一体，主要包括以下五大亮点。

❶ **全面覆盖 AI 短视频创作流程。**本书通过 128 个实用知识点，全方位介绍了 AI 在短视频生成与剪辑中的应用，包括文案生成、文生视频、图生视频、视频生视频、数字人生成等多个环节，帮助读者全面掌握 AI 短视频创作的全流程。

❷ **深入解析 AI 工具的使用技巧。**本书对 6 款 AI 创作工具进行了全面而深入的介绍，包括文心一言、即梦 AI、可灵 AI、快影 App、腾讯智影、剪映，不仅介绍了这些 AI 创作工具的基本功能和操作界面，还详细讲解了各类高级功能的使用技巧，让读者能够灵活运用这些 AI 创作工具进行创作。

❸ **案例丰富，实战性强。**本书通过近 70 个小型案例，及《长沙风光宣传片》这个综合性大案例，展示了短视频从项目规划、内容创作到发布推广的全流程。这些案例不仅具有代表性，而且极具参考价值，能够帮助读者更好地理解 AI 在短视频创作中的实际应用。

❹ **AI 解决用户痛点。**针对短视频创作中的灵感匮乏、技术门槛高、时间成本高等痛点，本书通过应用 AI 技术，提供了有效的解决方案，让创作者能在极短的时间内完成高质量的短视频创作，能够有效减轻创作者的负担，提高创作效率和质量。

❺ **超值的学习资源赠送。**为了让读者更好地学习和掌握 AI 短视频生成与剪辑技能，笔者针对本书内容全部录制了带语音讲解的视频，共计 160 多分钟。本书还附赠了 170 多个素材效果文件、53 组 AI 提示词，读者可以立即将这些内容应用到自己的项目中。

特别提醒

❶ **版本更新：**本书是基于编写时各种 AI 工具和网页平台的界面截取的实际

操作图片。本书涉及多种软件和工具，快影 App 为 V6.62.0.662004、剪映 App 为 14.7.0、剪映 PC 版为 5.3.0。由于书从编辑到出版需要一段时间，在此期间，这些工具的功能和界面可能会有变动，因此，在阅读时，应重点学习书中的思路，举一反三应用到实践中。

❷ **提示词的使用**：提示词又称关键词或"咒语"。需要注意的是，即使是相同的提示词，AI 工具每次生成的文案、图像和视频也会有差别，因为模型基于算法与算力每次都会得出新结果，这是正常的，所以大家看到书里的截图会与视频有区别。大家用同样的提示词自己再生成时，出来的文案或效果也会有差异。因此，在扫码观看教程视频时，读者应把更多的精力放在提示词的编写和实操上。

❸ **内容说明**：本书虽然分为 9 章，包括 AI 短视频入门、文案生成、文生视频、图生视频、视频生视频以及数字人生成等重点内容，但这些内容所涉 AI 工具都各有所长，大家不要受本书内容的限制，找到适合自己的工具与功能就好。各章介绍的某个工具的某些功能，其实在其他 AI 工具中也有，限于篇幅，不再一一介绍，大家有时间可以自己去尝试操作。另外，在撰写本书的过程中，因为篇幅有限，对于 AI 工具回复的内容只展示了要点，详细的回复文案，请读者查看随书提供的完整效果文件。

❹ **版本说明**：为了让大家学到更多，有些 AI 视频工具侧重讲手机版，有些则侧重讲网页版，还有些侧重讲 PC 专业版，目的就是将不同版本都讲解详尽，帮助大家融会贯通。

素材获取

如果读者需要获取书中案例的素材、效果、视频和其他资源，请使用微信"扫一扫"功能，按需扫描下列对应的二维码。

素材

效果

视频

其他资源

本书完稿后，即梦、可灵和海螺三款产品应用范围不断扩大，笔者也意识到广大读者在这方面的需求会增加，所以专门扩展了对这三款工具的介绍，但是由于此时本书流程已经进入后期阶段，无法再增加内容，不得已，我们把这部分内容与随书附赠的电子资源放到了一起（在"其他资源"中），大家可以自行下载学习。

作者售后

这里对参与本书辅助工作的胡杨等人表示感谢。由于笔者水平有限，书中难免有疏漏之处，恳请广大读者批评、指正。沟通和交流请联系微信：2633228153。

CONTENTS 目录|

第3章　文生视频

即梦AI的应用

第4章 图生视频

可灵AI的应用

第5章　视频生视频

快影App的应用

第6章　数字人生成

腾讯智影的应用

第7章 智能剪辑
剪映的应用

第8章　运营技巧

打造高人气的短视频

第 9 章　AI视频全流程实战

《长沙风光宣传片》

第 1 章

AI 短视频
人工智能重塑内容创作

在深入探索数字内容创作的未来图景时，我们不得不提及一个正以前所未有的速度重塑行业的力量——AI 短视频。这一技术的崛起，不仅标志着 AI 技术从幕后走向台前，更预示着内容创作领域将迎来革命性飞跃。本章将带领读者一同揭开 AI 短视频的神秘面纱，了解 AI 短视频的发展趋势、技术、制作流程以及提示词的编写技巧等，从而为内容创作带来前所未有的创意空间与市场机遇。

1.1　AI短视频基础入门

AI（Artificial Intelligence，人工智能）短视频是指利用人工智能技术（如深度学习、计算机视觉、自然语言处理等）创作、编辑、优化及传播的短视频内容，这一领域融合的多项先进技术，使短视频制作更加智能化、高效化和个性化。AI工具能够自动分析视频素材，快速剪辑并添加特效、配乐等，同时能够根据用户行为数据进行个性化推荐，提升用户体验。

本节主要介绍AI短视频的基础知识，包括AI短视频的行业概览、趋势分析、技术、制作流程、工具、创作环境以及创作趋势等内容。

1.1.1　AI短视频行业概览与趋势分析

扫 码
看视频

随着移动互联网的普及和5G技术的快速发展，短视频已成为人们日常生活中不可或缺的一部分。《中国网络视听发展研究报告（2024）》显示，截至2023年12月，我国网络视听用户规模已达10.74亿，庞大的用户基础为AI短视频行业提供了广阔的发展空间。

用户对短视频内容的需求日益多样化，对高质量、个性化内容的需求不断增长，这为AI短视频技术的创新和应用提供了强大的驱动力。据市场调研数据显示，AI视频生成技术在广告营销、短视频创作、电商展示、动漫制作等多个领域得到了广泛应用，推动了相关产业的快速发展。预计未来几年，AI短视频市场规模将持续扩大，成为数字媒体和娱乐产业的重要组成部分。对AI短视频主要应用领域的相关分析如图1-1所示。

AI技术正在深刻影响短视频行业的各个方面。从内容创作到用户互动，再到商业模式的创新，AI的应用不仅提高了效率，也为行业带来了新的增长点和挑战。AI技术的发展正在重塑短视频市场的格局，带来一系列新的趋势和变革，相关分析如图1-2所示。

广告营销	AI 技术能够根据品牌需求和目标受众生成个性化广告视频，提高广告效果。通过智能分析和推荐系统，广告内容能够更精准地触达目标用户群体
短视频创作	AI 技术能够辅助短视频创作者进行创意、内容生成、视频剪辑、特效添加等工作，提高创作效率和质量
电商展示	生成商品展示视频、虚拟试穿视频等，提升用户购物体验。通过 AI 技术，电商平台能够为用户提供更加生动、直观的商品展示方式，提升购买转化率
动漫制作	用于生成动漫角色、场景和动画，推动动漫产业的飞速发展。AI 技术能够加速动漫制作的流程，提高制作的效率和作品质量
其他领域	AI 短视频在教育、培训及医疗领域展现出巨大潜力。在教育方面，它能将文字内容进行动态可视化；在培训方面，它通过模拟实操场景，提升技能学习效率；在医疗领域，可辅助医生进行复杂病例分析，为患者带来更高质量的医疗服务

图 1-1　AI 短视频主要应用领域

短视频内容的并喷式增长	AI 技术使得短视频制作更加高效，减少了实景拍摄的需求，降低了成本。这推动了短视频内容的快速增长，同时也加剧了在吸引用户注意力方面的竞争
AI 短视频生产与应用的大众化	随着智能硬件的进步，AI 功能逐渐成为标配，使得短视频创作更加便捷和实用。多模态交互和自然语言处理技术简化了短视频编辑过程，使得普通用户也能轻松创作短视频
AI 改变短视频创作者角色	AI 工具正在改变短视频创作者的工作流程，使传统的视频剪辑工作升级为更具创造性和策划力的导演工作。AI 技术可辅助短视频创作，合成素材创意，为创作者提供新的编辑方式
内容质量竞争中 AI 成为必杀技	用户对高质量短视频内容的需求不断增长，AI 工具通过分析大量数据，可提供创意启发和创作方向，推动内容创作、个性化推荐、内容审核、广告投放等方面的变革
短视频 IP 的进化和 AI 数字人的普及	AI 技术可以生成虚拟主播和互动内容，提供新的互动体验和商业模式。AI 数字人将成为短视频行业的标配，推动"虚拟网红"的发展
视频信息的定制化和个性化	AI 大模型能够根据用户的兴趣和偏好提供个性化的短视频推荐，同时创造出更加个性化的短视频内容，吸引用户的注意力，提升用户的观看体验
AI 短视频生成技术挑战传统媒体	AI 短视频技术的发展使得视频制作不再局限于专业人士，每个人都能成为自己的导演，这挑战了传统广电媒体的创作优势，改变了媒体市场的格局
AI 短视频领域的法律风险和监管需求	AI 短视频生成技术的发展也带来了深度伪造、侵犯知识产权等法律风险，需要加强技术监管和法律规制，以应对这些挑战

图 1-2　AI 短视频的趋势和变革分析

1.1.2　AI技术及其在短视频领域的应用简介

扫　码
看视频

AI 技术是一种模拟人类智能的理论、方法、技术及应用系统的新兴技术，它基于计算机科学，涉及心理学、哲学、语言学等多个领域，旨在使机器能够胜任一些通常需要人类才能完成的复杂工作。AI 技术通过机器学习、深度学习等算法，能够不断从数据中学习并优化自身性能，实现自主决策、智能推理等功能。

AI 短视频技术是利用 AI 技术处理和生成短视频内容的一种新兴技术，它融合了机器学习、深度学习、计算机视觉、语音识别等多种技术，旨在提高短视频的创作效率、优化内容质量，并为用户提供个性化的观看体验。AI 短视频技术能够自动分析、编辑和推荐视频，使短视频的制作和商业模式发生了颠覆性的改变。

随着不断发展和普及，AI 技术在短视频领域的应用日益广泛，这主要体现在图 1-3 所示的几个方面。

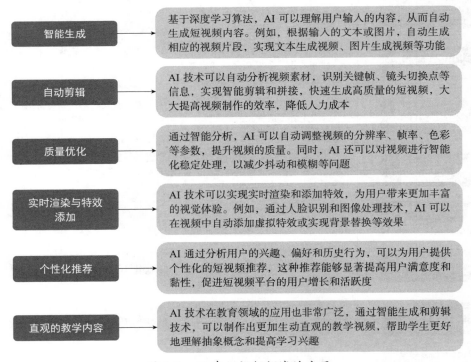

图 1-3　AI 在短视频领域的应用

1.1.3　AI短视频制作基础流程与工具介绍

扫　码
看视频

AI短视频制作基础流程是一个系统化且高效的过程，主要包括确定短视频的主题、生成短视频脚本文案、创作短视频画面效果，以及对短视频进行后期处理等，它结合了AI技术与传统的视频编辑方法，旨在帮助创作者快速、高质量地制作出吸引人的短视频内容。

1. 确定短视频的主题

确定主题是短视频制作过程中的一个重要环节，它直接关联到视频内容的吸引力、目标达成度，以及受众的接受程度。在确定短视频的主题和风格时，需要综合考虑多个因素，以确保最终的视频作品既能符合创作初衷，又能有效触达并吸引目标受众。

首先，创作者需要清晰地定义短视频的制作目标。这些目标包括品牌推广、产品介绍、知识分享、娱乐消遣、情感共鸣等。同时，要对目标受众进行深入分析，了解他们的年龄、性别、兴趣、需求、观看习惯等特征，这些信息将作为确定主题和风格的重要依据。

创作者可以通过以下3个方面来确定短视频的主题，如图1-4所示。

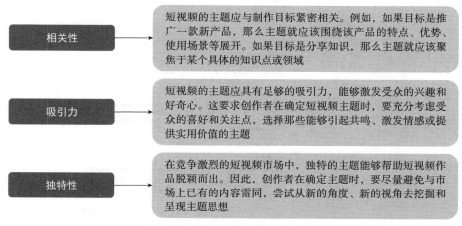

图1-4　确定短视频的主题

风格是短视频的外在表现形式，它决定了视频的整体氛围和观感。在确定短视频的风格时，需要考虑以下几个方面，如图1-5所示。

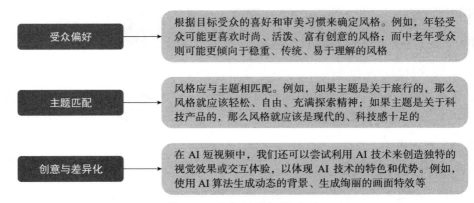

图 1-5　确定短视频的风格

在确定 AI 短视频的主题和风格时，需要综合考量多个因素之间的平衡与协调。这包括主题与制作目标的契合度、受众对主题的接受程度、风格与主题的匹配度，以及 AI 技术的运用效果等。通过全面、细致地分析和比较，我们可以确定最适合的主题和风格，为后续的视频创作奠定坚实的基础。

另外，创作者还可以通过 AI 文案工具生成相应的热门主题，这些工具通常依赖大数据，包括社交媒体趋势、搜索引擎热门关键词、新闻热点、用户行为等数据，通过分析这些数据，AI 可以判断出哪些主题正在引起公众的广泛关注，从而作为 AI 短视频创作的方向。图 1-6 所示为使用文心一言生成的一些旅行摄影方面的主题。

图 1-6　使用文心一言生成的热门主题

图 1-7 所示为使用 Kimi 生成的一些智能家居产品方面的主题。

图 1-7　使用 Kimi 生成的热门主题

2. 生成短视频脚本

当用户通过 AI 工具或市场趋势分析确定了短视频的主题后，接下来就是使用 AI 工具来生成短视频的脚本文案了。这一过程涉及创意构思、内容规划、语言组织和 AI 智能生成等多个方面，旨在创作出既吸引人又符合主题要求的视频脚本。

生成短视频脚本的相关分析如图 1-8 所示。

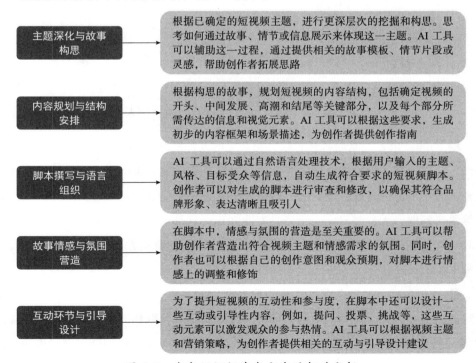

图 1-8　生成短视频脚本文案的相关分析

下面向大家介绍 5 款常用的 AI 文案工具，这些工具可以帮助大家快速生成 AI 短视频脚本。

❶ 文心一言：英文名 ERNIE Bot，是百度公司基于其强大的深度学习技术和大规模语料库研发的知识增强大语言模型，它代表了百度在人工智能领域，特别是在自然语言处理（Natural Language Processing，NLP）方面的最新成果。该工具能够与人对话互动、回答问题、协助创作，高效便捷地帮助人们获取信息和知识。图 1-9 所示为使用文心一言生成的短视频脚本。

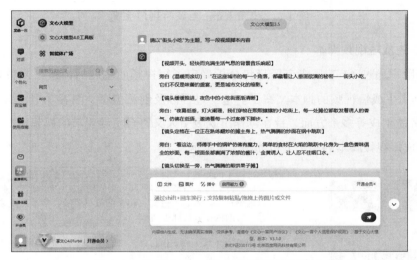

图 1-9　使用文心一言生成的短视频脚本

❷ Kimi：由月之暗面科技有限公司开发的人工智能助手，旨在通过提供多语言对话、文件处理、搜索能力以及长文本处理等高级功能，帮助用户解决问题和完成任务，为用户提供高效、便捷的信息处理和服务体验。Kimi 能够理解和回应用户的自然语言问题，无论是日常对话还是专业知识，它都能提供相应的回答，它支持中文和英文对话，可以满足多语言用户的需求。图 1-10 所示为使用 Kimi 生成的短视频脚本。

❸ 豆包：字节跳动公司基于云雀模型开发的一款 AI 工具，它具有丰富的功能和智能的交互方式，可为用户提供便捷、高效的信息获取和创作体验。豆包定位为 AI 聊天智能对话问答助手，同时也是文案写作、教师备课、诗词创作、编程的全能工具。图 1-11 所示为使用豆包生成的短视频脚本。

图 1-10　使用 Kimi 生成的短视频脚本

镜号	景别	画面	台词
1	全景	美丽的海边日出，金色阳光洒在海面上。	世界那么大，让我们一起去看
2	中景	旅行者背着背包，站在海边，张开双臂，感受海风。	每一次出发，都是一场与未知
3	特写	沙滩上的贝壳，在阳光下闪烁着光芒。	旅途中的小美好，总是不经意
4	中景	旅行者漫步在古老的街道，周围是特色的建筑。	走进古老的街巷，感受岁月的
5	特写	街边小店摆放的手工艺品，精致而独特。	这些小小的物件，承载着当地
6	全景	壮观的山间瀑布，水花飞溅。	大自然的鬼斧神工，让人惊叹
7	中景	旅行者坐在山顶，俯瞰着美丽的风景。	旅行，让我们遇见更好的自己
8	全景	夕阳西下，画面渐渐暗去。	期待下一次的旅行。

图 1-11　使用豆包生成的短视频脚本

❹ 通义：阿里巴巴集团研发的一款先进的人工智能语言模型工具，它基于超大规模的预训练语言模型开发，旨在为用户提供高效、智能的解决方案。它能够进行多轮对话、逻辑推理，理解多模态信息，并支持多种语言，具备出色的文案创作能力，可以快速、灵活、高效地生成各种文案内容。图 1-12 所示为使用通义生成的短视频脚本。

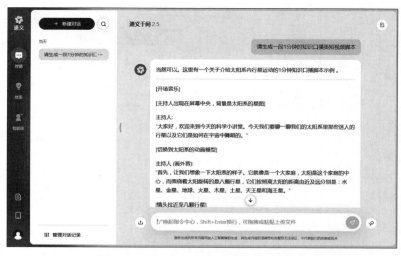

图 1-12　使用通义生成的短视频脚本

❺ 智谱清言：北京智谱华章科技有限公司推出的生成式 AI 助手，是基于智谱
AI 自主研发的中英双语对话模型 ChatGLM2，可提供丰富的功能和服务。它不仅能
够解答各类问题、完成多种任务，还支持数学计算、创意写作、编程辅助、知识问
答等。

此外，智谱清言还具备强大的语言理解和生成能力，可以为用户提供高效的沟
通体验。图 1-13 所示为使用智谱清言生成的短视频脚本。

图 1-13　使用智谱清言生成的短视频脚本

提示

除了上述 5 款 AI 文案工具外，用户还可以使用其他的 AI 文案工具进行脚本创作，例如橙篇、秘塔、天工、讯飞星火以及 ChatGPT 等。

3. 创作短视频画面效果

确定好短视频的主题并生成相应的脚本后，接下来需要使用 AI 工具生成短视频的画面效果，这是视频制作领域的一项创新技术。AI 通过深度学习和大数据分析，能够自动分析并模仿人类创作风格，甚至创造出全新的视觉元素。在短视频创作中，AI 工具可以应用于多个方面，如场景构建、色彩调整、特效添加、人物动画等。

创作者只需输入基本指令或参考素材，AI 便能快速生成符合要求的画面效果，极大地提高了创作效率。同时，AI 还能根据视频内容自动调整节奏、转场等，使视频更加流畅自然。这种技术的应用，不仅降低了短视频创作的门槛，也为创作者提供了更多创意空间，让视频内容更加丰富多样。图 1-14 所示为使用即梦 AI 生成的短视频画面效果。

图 1-14　使用即梦 AI 生成的短视频画面效果

提示

　　这段 AI 视频使用的提示词为"宇航员在玫瑰田中缓缓行走，动作自然流畅，玫瑰随风轻轻摇曳，花瓣轻微起伏，月亮发出柔和光辉，星星闪烁，增添活力，光影在宇航员的太空服上流动，反映环境色彩"。

　　下面向大家介绍 3 款常用的 AI 短视频创作工具，帮助大家快速生成满意的 AI 短视频。

　　❶ 即梦 AI：抖音旗下的剪映推出的一款 AI 图片与视频创作工具，用户只需要提供简短的文本描述，即梦 AI 就能快速根据这些描述将创意和想法转换为图像或视频画面，这种方式极大地简化了从创意内容到视频的创作过程，让创作者能够将更多的精力投到创意和故事的构思中。图 1-15 所示为即梦 AI 的短视频创作页面。

图 1-15　即梦 AI 的短视频创作页面

　　❷ 可灵 AI：快手在 2024 年 6 月 6 日，即其创立 13 周年之际，发布了一款 AI 视频生成大模型——可灵 AI，这是一款具有创新性和实用性的视频生成大模型，其核心功能强大且多样，由快手大模型团队自研打造，采用了与 Sora 相似的技术路线，并结合了快手自研的创新技术。它标志着国产文生视频大模型技术达到了新的高度。

　　可灵 AI 生成的视频不但在视觉上逼真，而且在物理上合理，确保了视频内容的自然流畅和高度真实感，这得益于其先进的 3D 时空联合注意力机制和深度学习算法。图 1-16 所示为可灵 AI 的短视频创作页面。

图 1-16　可灵 AI 的短视频创作页面

❸ 剪映：抖音推出的一款视频编辑工具，具有功能强大、操作简便且适用场景广泛等特点，是用户进行短视频创作和编辑的得力助手。剪映版本不断更新，这也带来了更多的 AI 视频创作功能，可以帮助用户快速提升视频创作效率，节省剪辑的时间。

图 1-17 所示为剪映的"剪同款"视频创作页面，该功能非常实用，它允许用户快速复制或模仿他人视频中的编辑样式和效果，轻松创作出具有相似风格和效果的视频。

图 1-17　剪映的"剪同款"视频创作页面

4. 对短视频进行后期处理

使用 AI 视频创作工具生成理想的短视频作品后，我们可以对 AI 短视频作品进行后期处理，以进一步加强作品的质感和表现力，包括智能合成素材、调整视频的色调、修饰细节、添加滤镜等，使视频作品更加丰富和引人注目。

剪映不仅是可以一键生成各种类型短视频素材的工具，还是一款功能强大的视频编辑工具，可以对视频画面进行后期处理与剪辑，让用户能够自由掌控视频的节奏和效果。剪映还支持智能配乐、智能字幕等功能，大大简化了视频编辑的过程，其编辑界面如图 1-18 所示。

图 1-18　剪映的视频编辑界面

> **提示**
>
> 剪映的操作界面简洁明了，功能按钮布局合理，用户可以轻松上手。无论是视频编辑新手还是专业人士，都能在短时间内掌握其使用方法。

1.1.4　搭建AI短视频创作环境

扫　码
看视频

在 AI 短视频的创作过程中，搭建一个高效、稳定的创作环境是至关重要的，这不仅关乎创作效率，还直接影响最终作品的质量和创新性。下面详细介绍如何搭建一个适合 AI 短视频创作的环境。

在 AI 短视频创作的硬件配置中，选择恰当的硬件是确保高效、高质量的关键。硬件配置的相关分析如图 1-19 所示。

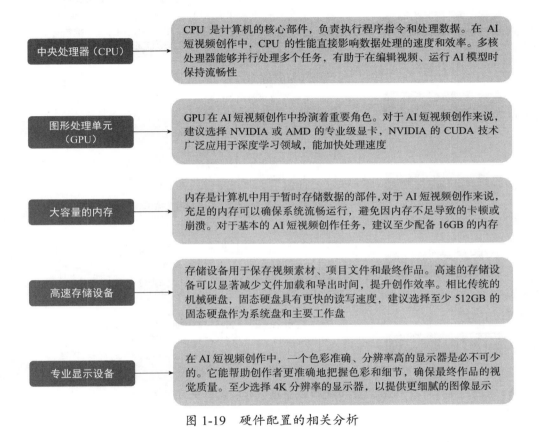

图 1-19 硬件配置的相关分析

1.1.5 AI短视频创作趋势与未来展望

扫 码
看视频

随着人工智能技术的飞速发展和普及，AI 短视频创作领域正经历着前所未有的变革与创新。这一领域不仅融合了先进的 AI 技术，还紧密结合了创意艺术、内容营销、社交媒体等多个方面，有广阔的发展前景。

AI 短视频创作趋势与未来展望的相关分析如图 1-20 所示。

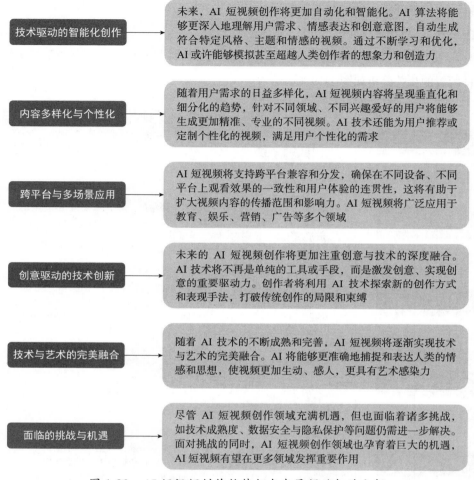

技术驱动的智能化创作 —— 未来，AI 短视频创作将更加自动化和智能化。AI 算法将能够更深入地理解用户需求、情感表达和创意意图，自动生成符合特定风格、主题和情感的视频。通过不断学习和优化，AI 或许能够模拟甚至超越人类创作者的想象力和创造力

内容多样化与个性化 —— 随着用户需求的日益多样化，AI 短视频内容将呈现垂直化和细分化的趋势，针对不同领域、不同兴趣爱好的用户将能够生成更加精准、专业的不同视频。AI 技术还能为用户推荐或定制个性化的视频，满足用户个性化的需求

跨平台与多场景应用 —— AI 短视频将支持跨平台兼容和分发，确保在不同设备、不同平台上观看效果的一致性和用户体验的连贯性，这将有助于扩大视频内容的传播范围和影响力。AI 短视频将广泛应用于教育、娱乐、营销、广告等多个领域

创意驱动的技术创新 —— 未来的 AI 短视频创作将更加注重创意与技术的深度融合。AI 技术将不再是单纯的工具或手段，而是激发创意、实现创意的重要驱动力。创作者将利用 AI 技术探索新的创作方式和表现手法，打破传统创作的局限和束缚

技术与艺术的完美融合 —— 随着 AI 技术的不断成熟和完善，AI 短视频将逐渐实现技术与艺术的完美融合。AI 将能够更准确地捕捉和表达人类的情感和思想，使视频更加生动、感人，更具有艺术感染力

面临的挑战与机遇 —— 尽管 AI 短视频创作领域充满机遇，但也面临着诸多挑战，如技术成熟度、数据安全与隐私保护等问题仍需进一步解决。面对挑战的同时，AI 短视频创作领域也孕育着巨大的机遇，AI 短视频有望在更多领域发挥重要作用

图 1-20　AI 短视频创作趋势与未来展望的相关分析

1.2　AI短视频的提示词编写技巧

通过不断地尝试、调整和优化提示词，我们可以逐渐发现哪些文本指令更有效，哪些文本指令更能激发模型的创造力。本节主要介绍 AI 短视频的提示词编写技巧，包括如何选择 AI 短视频的提示词、提示词的编写思路以及注意事项等内容。

1.2.1 如何选择AI短视频的提示词

扫 码
看视频

在 AI 视频生成模型中，选择恰当的提示词有助于生成理想的短视频。下面是一些可以帮助用户选出更具影响力的提示词的关键步骤和建议。

❶ 明确目标与主题：在开始之前，明确视频的主题、风格和内容，这将帮助你精准地选择相关的文本描述和词汇。例如，你想要呈现一只猫戴着宇航员头盔，那么"一只猫戴着宇航员头盔，特写镜头，背景是蓝色太空"就是一段很好的提示词，视频效果如图 1-21 所示。

❷ 识别关键元素：思考你希望在视频中出现的核心元素，如某种场景、物体、人物或动物，并将它们融入提示词中。例如，生成图 1-21 所示视频所用的提示词"背景是蓝色太空"就是关键元素，它描述了视频的场景效果。

❸ 添加风格与情感：根据你期望的视频风格（如现实主义、印象派、超现实主义）和情感氛围（如欢乐、宁静、神秘），在提示词中加入相应的描述。

扫码
看效果

图 1-21　一只猫戴着宇航员头盔

❹ 具体且详细：使用具体、详细的文本描述，以指导视频的具体细节和效果。

❺ 平衡与简洁：在提供足够信息和保持提示词简洁之间找到平衡点，过于冗长的提示词可能会使模型感到困惑。

❻ 避免矛盾与模糊：确保提示词内部没有矛盾，并避免使用模糊不清或与主题不符的文本描述。

❼ 考虑文化因素：考虑文化背景和语境对词汇的影响，在不同的文化背景下 AI 可能对同一词汇有不同的解读。例如，如果目标受众熟悉东方艺术，可以加入"如中国山水画般的背景"来增强文化共鸣。

❽ 实践与调整：不同的提示词组合可能会产生不同的效果，用户要勇于尝试和调整，以找到最适合自己的提示词组合。

1.2.2 AI短视频提示词的编写思路

扫码
看视频

在编写 AI 短视频的提示词时，用户需要明确自己的目标和意图，确保所使用的词汇和短语能够清晰地传达给 AI 模型，从而充分发挥 AI 模型的潜力，创作出丰富多样、引人入胜的视频作品。下面介绍 AI 短视频提示词的编写思路，以帮助用户获得最佳的视频生成效果。

1. 明确具体的视频元素

为了确保模型能够准确捕捉你的意图并生成相应的视频，你需要在提示词中明确描述自己想要的视频元素，如人物、动作、环境等。

例如，在下面这个视频的提示词中，成功地构建了一个生动有趣的场景"一只戴着太阳镜的柯基在热带岛屿的海滩上漫步"，这样的描述为 AI 模型提供了足够明确的信息，这让它可以生成符合预期的视频。相关示例如图 1-22 所示。

扫码
看效果

图 1-22　一只戴着太阳镜的柯基在
热带岛屿的海滩上漫步

2. 详细描述场景细节

在 AI 短视频的提示词中，应尽可能地详细描述场景的每个细节，包括颜色、光线、纹理等。例如，在生成图 1-23 所示视频的提示词中，详细描述了视频的主体和场景："一只拟人化的猫，穿着破旧、破损的

扫码
看效果

图 1-23　一只拟人化的猫骑着电动三轮车

黄色衣服，骑着电动三轮车在送麻辣肉花卷，身上被淋湿了，衣服上有污渍、面向镜头，背景是马路、下雨天"，该视频提示词的描述有助于AI模型更好地理解和生成视频中的细节。

3. 创造性地使用提示词

可以在提示词中尝试新的组合和创意，激发模型的想象力，生成非常有趣的视频，相关示例如图1-24所示。这段视频的提示词为"一条巨大的黑龙破坏了繁华的城市景观，火焰吞没了摩天大楼，碎片散落在空中，投下了不祥的阴影。混乱的气氛，动态的视角，细致的城市建筑，戏剧性的云层盘旋在头顶"。

图1-24　一条巨大的黑龙破坏了繁华的城市景观

生成图1-24所示视频所用提示词充满了创意和想象力，鼓励AI模型探索一个全新且非传统的场景。提示词成功地将两种截然不同的元素（"巨大的黑龙"与"繁华的城市景观"）结合在一起，还用"火焰吞没了摩天大楼"这种融合性创意为模型提供了一个广阔的想象空间，使生成的视频内容既奇特又引人入胜。

4. 构思引人入胜的角色和情节

在编写AI短视频的提示词时，用户可以构思一些引人入胜的角色和情节，编写好的提示词是创造高质量内容的关键。一个吸引人的视频往往围绕着有趣、独特且情感丰富的角色展开，这些角色在精心设计的情节中展现出各自的魅力，相关示例如图1-25所示。这段视频的提示词为"粒子特效，火焰形态的一只猫，4K超高清，精致细节，毛发呈现出火焰的光芒，摄影打光"。

生成图1-25所示视频所用提示词描绘了一个充满创意与视觉震撼效果的视频画面。视频中，一只猫以火焰的形态呈现，毛发仿佛燃烧着炽热的火焰，每一缕毛发都闪耀着动态的光芒，展现出无与伦比的精致细节。整个场景采用4K超高清分辨率，保证了画质的极致清晰与细腻，让观众仿佛能触摸到那炽热的火焰边缘。摄影打光巧妙运用，强化了火焰的层次感与立体感，使得火焰猫在光影交错中更显神秘与壮丽。

5. 用逐步引导的方式构建提示词

使用逐步引导的方式构建提示词，先描述整体场景和背景，再逐步引入角色、动作和情节。这种方式可以帮助 AI 模型更好地理解你的意图，并生成更加符合期望的视频，相关示例如图 1-26 所示。这段视频的提示词为"古老的乡村如同一幅泼墨山水画，秋风瑟瑟，云雾缭绕。在这如诗如画的乡村中，有一棵苍老高大的柿子树，它静静地伫立在村头，见证着岁月的沧桑，承载着无尽的乡愁"。

生成图 1-26 所示视频的提示词通过细腻描绘整体场景——古老乡村，营造了宁静与诗意的浓郁氛围。随后逐步引入具体元素——秋风、云雾、柿子树，每一样都富含象征意

图 1-25　火焰形态的一只猫

图 1-26　古老的乡村有一棵苍老高大的柿子树

义，增强了画面的故事性。对于柿子树这个核心角色，提示词不仅描绘了其苍老与高大，还赋予了它时间见证者与乡愁承载者的情感深度。这种逐步引导的方式，有助于 AI 模型准确捕捉情感与细节，生成富有层次与情感的视频画面。

1.2.3 编写提示词的注意事项

扫 码
看视频

掌握了 AI 短视频提示词的编写思路后，下面这些注意事项将帮助用户进一步优化提示词的生成效果。

❶ 简洁精确：虽然详细的提示词有助于指导模型，但过于冗长的提示词可能会导致模型混淆含义，因此应尽量保持提示词简洁且精确。

❷ 平衡全局与细节：在描述具体细节时，不要忽视整体概念，要确保提示词既展现全局，又包含关键细节。

❸ 发挥创意：使用比喻和象征性语言，激发模型的创意，生成独特的视频效果，如"时间的河流，历史的涟漪"。

❹ 合理运用专业术语：若用户对某领域有深入了解，可以运用相关专业术语以获得更专业的结果，如"巴洛克式建筑，精致的雕刻细节"。

1.3 本章小结

本章详细介绍了 AI 短视频的基础入门知识，涵盖了行业概览、技术应用、制作流程、环境搭建及未来趋势，还对短视频提示词的编写技巧进行了详细讲解，全方位引领读者踏入 AI 短视频创作领域。学习本章后，读者将掌握 AI 在短视频领域的核心应用与发展方向，学会编写高效提示词的技巧，为创作个性化、高质量的 AI 短视频奠定坚实基础，并激发创意潜能，把握行业前沿。

第 2 章

文案生成
文心一言的应用

通过 AI 技术生成短视频文案是现今互联网时代的一大流行趋势，并且随着研究的深入，其传播与应用会越来越广泛，因此了解 AI 短视频脚本的生成是十分必要的。为此，本章将详细介绍使用文心一言进行短视频脚本创作的相关技巧，让大家对其有一定的了解，同时帮助大家轻松生成各种 AI 短视频文案内容。

2.1 文心一言的使用技巧

文心一言是百度公司研发的知识增强大语言模型，它利用先进的人工智能技术，能够自动生成高质量、个性化的 AI 短视频脚本文案。本节将全面介绍注册与登录文心一言的方法，并对文心一言的基本功能进行详细讲解，帮助读者为后面的学习奠定良好的基础。

2.1.1 注册与登录文心一言

扫　码
看视频

在使用文心一言之前，用户需要先注册一个百度账号，该账号在两个平台（百度和文心一言）是通用的。下面介绍注册与登录文心一言的操作方法。

STEP 01 在电脑中打开相应的浏览器，输入文心一言的官方网址，打开官方网站，单击右上角的"立即登录"按钮，如图 2-1 所示。

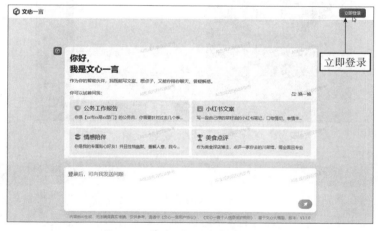

图 2-1　单击"立即登录"按钮

STEP 02 弹出相应窗口，如果用户已经拥有百度账号，则在"账号登录"面板中直接输入账号（手机号 / 用户名 / 邮箱）和密码进行登录，或者使用百度 APP 扫码登录。如果用户没有百度账号，则在窗口的右下角位置单击"立即注册"按钮，如图 2-2 所示。

STEP 03 打开百度的"欢迎注册"页面，如图 2-3 所示，在其中输入相应的用户名、手机号、密码和验证码等信息，然后单击"注册"按钮，即可注册并登录文心一言。

图 2-2 单击"立即注册"按钮

图 2-3 打开百度的"欢迎注册"页面

提示

文心一言是通过机器学习训练出来的模型，它能够根据用户提供的指令、主题或要求，快速生成高质量的文本内容，如文章、报告、商业文件等。它能够学习大量数据，理解用户意图，并生成符合要求的文本。

2.1.2 认识文心一言页面

 扫 码
看视频

文心一言作为百度打造的人工智能工具，其界面设计旨在为用户提供便捷、高效的交互体验，其页面中的各主要功能如图 2-4 所示。

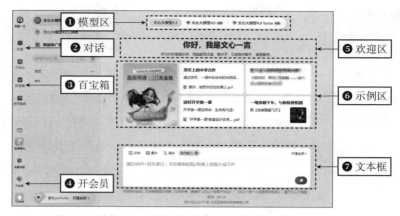

图 2-4 "文心一言"页面中的各主要功能

下面对文心一言页面中的各主要功能进行相关讲解。

❶ 模型区：在模型区中包括文心一言的 3 大模型，包括文心大模型 3.5、文心大模型 4.0 和文心大模型 4.0 Turbo，不同的版本在技术和应用上均有所突破。其中，文心大模型 3.5 是免费提供给用户使用的，后面两种文心大模型需要用户开通会员功能才可以使用。

❷ 对话："对话"页面是文心一言的核心功能之一，为用户提供了一个与 AI 进行自然语言交互的平台。"对话"页面的最下方有一个文本框，供用户输入问题或文本信息。

❸ 百宝箱：百宝箱中有许多 AI 写作工具，例如提效 Max、AI 绘画等。

❹ 开会员：单击"开会员"按钮，弹出相应页面，其中显示了开通会员的相关介绍，如开通价格、权益对比等，该功能是文心一言商业化策略的一部分，旨在为用户提供更多高级功能和更好的使用体验，以满足用户更加个性化的需求。

❺ 欢迎区：显示了文心一言与用户打招呼的信息，以及相关的简介。

❻ 示例区：对于初次接触文心一言的用户来说，示例区是一个快速了解产品特性和使用方法的途径，该区域中提供了多种文案示例。通过实际操作，用户可以更直观地了解文心一言的应用场景和优势。

❼ 文本框：用户可以在这里输入想要与 AI 交流的内容，如提问、聊天等，用户可以输入各种问题或需求，支持文字输入、文件输入、图片输入等，还可以创建自己常用的指令，来提高 AI 使用效率。

扫　码
看视频

2.1.3　生成相关回复

文心一言具备丰富的知识库，拥有强大的自然语言处理能力，能够理解用户输入的指令，并完成问答、文案创作、脚本撰写等多种任务。登录文心一言后，将打开文心一言的"对话"页面，即可开始与 AI 进行对话，用户可以输入任何问题或话题，文心一言将尝试回答并提供与主题有关的信息，下面介绍具体的操作方法。

STEP 01 打开文心一言的"对话"页面，单击底部的文本框，如图 2-5 所示。

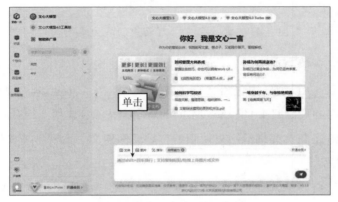

图 2-5　单击底部的文本框

STEP 02 在文本框中输入相应指令，例如"以四川美食为主题，写一篇美食科普类的短视频文案"，指导 AI 生成特定的回复，如图 2-6 所示。

图 2-6　输入相应指令

STEP 03 单击发送按钮 ，即可获得文心一言生成的相关回复，回复内容如下。

> 文心一言
>
> 　　【视频开场，镜头缓缓推进至一桌丰盛的四川美食，背景音乐轻快而充满诱惑】

旁白（热情洋溢）："哈喽，各位吃货小伙伴们，欢迎来到这场味蕾的狂欢盛宴！今天，咱们要一起穿越麻辣的迷雾，探索那让人又爱又怕，却又欲罢不能的四川美食世界！"

【镜头切换至一盘红彤彤的麻辣火锅，热气腾腾】

旁白："首先登场的，自然是四川美食的扛把子——麻辣火锅！看这红油翻滚，花椒、辣椒在锅中翩翩起舞，每一口都是对勇气的考验，对美味的极致追求。牛肉、羊肉、毛肚、黄喉……在这滚烫的汤底中一涮，再蘸上特制的油碟或干碟，那滋味，简直了！"

【镜头转向一盘色香味俱全的宫保鸡丁】

旁白："接下来，让我们换个口味，尝尝这道经典的宫保鸡丁。鸡肉滑嫩，花生米香脆，搭配上特制的辣酱和花椒的麻，酸甜辣咸四味交织，每一口都是对传统川菜精髓的完美诠释。"

【镜头快速扫过水煮鱼、回锅肉等经典菜肴】

旁白："别忘了，还有那片片鲜嫩、辣而不燥的水煮鱼，鱼肉滑如丝，辣椒红亮诱人；而回锅肉，肥而不腻，辣中带甜，每一片都裹满了浓郁的豆瓣酱香，简直是下饭神器！"

【特写镜头对准一碗热气腾腾的担担面】

旁白："说到四川小吃，怎能不提担担面？这碗面，看似简单，实则讲究。细滑的面条，搭配上特制的肉末、黄豆芽、葱花，还有那麻辣鲜香的酱汁，每一口都是对味蕾的极致挑逗。"

【视频结尾，镜头拉远，展现一桌丰盛的四川美食】

旁白："四川美食，不仅仅是一种味道，更是一种文化，一种生活的态度。在这里，每一道菜都承载着四川人的热情与智慧，每一口都是对美食的无限热爱。如果你也是个不折不扣的吃货，那么，四川，你绝对不能错过！好了，今天的四川美食之旅就到这里，我们下期视频，不见不散！"

提示

本书为了方便读者阅读，接下来均采用文字版进行案例展示，使文心一言生成的短视频文案内容更加明显。

2.1.4 进行多轮对话

扫 码
看视频

多轮对话是指模型能够在连续的多个对话回合中，根据前文的上下文信息，理解用户的意图，并给出连贯、恰当的回应，这种能力对于实现自然、流畅的人机交互至关重要。文心一言通过其强大的语言处理能力和上下文理解能力，能够支持多轮对话，使用户与模型的交互更加贴近真实的对话场景。下面介绍在文心一言中进行多轮对话的操作方法。

STEP 01 在文心一言的文本框中输入相应指令，按【Enter】键发送，便可以得到文心一言生成的回复，相关指令和回复内容如下。

  提问

你了解抖音平台中的口播视频吗？

文心一言

当然，抖音平台中的口播视频是一种非常流行且广泛存在的视频形式。口播视频，顾名思义，主要是通过口头表达（即"口播"）来传递信息、分享观点、讲述故事或进行产品推广等内容。这种视频形式不需要复杂的场景布置或特效，重点在于主播的表达能力、语言魅力和内容质量。

在抖音上，口播视频涵盖了多个领域，包括但不限于。

1. 知识分享：许多博主通过口播形式分享专业知识、生活小窍门、历史典故、科学原理等，帮助观众拓宽视野、增长见识。

2. 情感共鸣：一些主播通过讲述个人经历、情感故事或社会现象，引发观众的情感共鸣，传递正能量或引发思考。

3. 产品推广：商家或网红通过口播介绍产品特点、使用效果、优惠信息等，吸引观众购买。这种形式的带货能力在抖音上尤为突出。

4. 娱乐搞笑：利用幽默的语言、夸张的表情或独特的讲述方式，为观众带来欢乐和放松。

5. 时事评论：针对当前热点事件或社会现象进行评论分析，表达个人观点，引导观众思考。

制作口播视频时，主播需要注意以下几点以提升视频质量。

1. 内容质量：确保内容有价值、有深度或有趣味性，能够吸引并留住观众。

2. 语言表达：清晰、流畅、有感染力的语言表达是口播视频成功的关键。

3. 形象气质：主播的形象和气质应与视频内容相匹配，增强观众的代入感和信任感。

4. 互动引导：在视频中适当引导观众点赞、评论、分享或关注，提高视频的互动性和传播力。

随着抖音平台的不断发展和用户需求的多样化，口播视频作为一种灵活、高效的视频形式，将继续在内容创作领域发挥重要作用。

STEP 02 继续输入相应的指令，希望文心一言根据主题要求生成更加具体的短视频文案，相关指令和回复内容如下。

 提问

你是一位抖音平台的短视频创作者，擅长制作口播视频。请你根据爆款短视频口播文案的特点，围绕"智能手表"这个主题，创作一个短视频口播文案。

🤖 文心一言

当然，很高兴以一个抖音短视频创作者的身份，围绕"智能手表"这个主题，为您创作一段爆款口播文案。

【镜头缓缓推进，背景音乐轻快而科技感十足】

大家好，欢迎来到我的频道！今天，我要给大家揭秘一款让你生活瞬间升级的神器——【智能手表】，它不仅仅是一款手表，更是你24小时贴身的智能生活助理！

【拿起智能手表，镜头特写其精致外观】

首先，看看这颜值！流线型设计，超薄机身，搭配高清触控屏，无论是商务洽谈还是休闲时光，戴上它，瞬间提升你的时尚品位。而且，多种表盘风格随心换，每天都能有新鲜感！

【演示智能手表的功能】

但别急，它的魅力远不止于此！想象一下，早上醒来，不用摸黑找手机，轻轻一点手表，天气预报、今日日程一目了然。出门跑步，它秒变你的私人教练，心率监测、运动数据记录，让你的每一次挥汗如雨都更有成就感。

【模拟接收消息的场景】

工作再忙，也不会错过重要信息！无论是电话、短信还是社交媒体通知，智能手表都能及时提醒，让你在忙碌中也能保持高效沟通。而且，它还支持语音回复，解放双手，轻松应对各种场合。

【展示支付功能】

更神奇的是，它还内置了支付功能，无论是超市购物还是咖啡小憩，抬腕一扫，轻松支付，让便捷生活触手可及。

【总结强调】

朋友们，这款智能手表，不仅仅是一款时间的记录者，更是你健康生活的守护者，高效工作的得力助手，以及时尚潮流的引领者。无论是自用还是送礼，都是绝佳的选择！

......

> **提示**
>
> 因为本书篇幅原因，此处只展示 AI 工具回复的内容要点，详细的回复内容，请看随书提供的完整效果文件。

2.1.5　模仿语言风格

扫　码
看视频

当用户不知道如何拟写指令才能够获得满意的回复时，可以模仿相应人物语言风格，从用户自身出发，包括自己喜欢的影视人物、动漫人物、作家等语言风格，都可以让文心一言进行模仿，下面介绍具体的操作方法。

STEP 01 在文心一言中输入相应指令，按【Enter】键发送，便可以得到文心一言生成的回复，确认文心一言对要模仿的对象有所了解，相关指令与回复内容如下。

 提问

你了解 David MacKenzie Ogilvy（大卫·麦肯齐·奥格威）吗？

文心一言

David MacKenzie Ogilvy（大卫·麦肯齐·奥格威）是广告界的杰出人物。他出生于1911年，在牛津大学接受教育，但未能完成学业。随后，他尝试了多种职业，包括厨师、推销员和外交官，这些经历为他日后的广告事业奠定了坚实的基础。

1948年，奥格威在纽约创立了奥美广告公司，凭借独特的广告理念和敏锐的洞察力，使公司迅速崛起为全球最大的广告公司之一。他强调广告必须讲述完整的营销故事，注重实效与创意的结合，这一理念对广告业产生了深远的影响。

奥格威的著作《奥格威谈广告》被全球广告人视为基本教材，他的广告哲学和管理理念至今仍被广泛应用。他的一生充满了传奇色彩，从多次职业转换到创立广告帝国，展现了他的非凡才华和不懈努力。

总之，David MacKenzie Ogilvy是广告史上不可多得的杰出人物，他的贡献和影响将永远被铭记。

STEP 02 在文心一言的文本框中继续输入相应指令，让文心一言模拟相应的语言风格，生成理想的短视频文案，相关指令和回复内容如下。

 提问

以David MacKenzie Ogilvy的语言风格，写一段关于美式咖啡的短视频广告文案。

 文心一言

【镜头缓缓推进，一杯深邃浓郁的美式咖啡置于复古木质桌面上，蒸汽轻绕，光影交错】

旁白（沉稳而富有磁性，带着一丝不经意的幽默）："在这繁忙的都市丛林里，每一刻都需要点什么来唤醒沉睡的灵魂。不是那花哨的泡沫艺术，也不是糖与奶的甜蜜纠缠，而是我手中这杯，纯粹到骨子里的美式咖啡。"

【镜头切换至咖啡师专注地滴滤，每一滴都似乎承载着时间的重量】

旁白继续："看，那缓缓滴落的，不仅是黑色的液体，它是清晨的第一缕阳光，是午后灵感的火花，是夜晚沉思的伴侣。美式咖啡，不加修饰，却直击心灵。"

【镜头回到咖啡杯，特写那深棕色的液体，表面泛着诱人的光泽】

"第一口，苦涩中带着微妙的甘甜，就像生活的真相，不总是糖衣包裹。但正是这份直接，让人回味无穷，让人在忙碌与喧嚣中，找到一丝宁静与自我。"

【背景音乐渐强，画面快速闪过都市人忙碌的身影，最终回归那杯美式咖啡】

"所以，当你需要一杯能与你对话的咖啡，美式，就是最好的选择。它不言不语，却比千言万语更懂你。David Ogilvy 敬上，让每一刻的清醒，都成为不凡的开始。"

【画面渐暗，品牌 logo 优雅出现，背景音乐缓缓收尾】

2.1.6　指定文案内容

扫　码
看视频

当用户需要指定文心一言的语言风格、内容属性时，可以套用"你的角色【专业领域】+你的能力【成果期待】+我希望你做的事情【任务需求】"这一固定指令模板，让其生成我们想要的回复，相关案例如下。

 提问

你的角色是短视频专家，你的能力是通过细腻的情感捕捉与创意叙事，以镜头语言的方式，生成触动人心、富有故事性的视频内容。现在我希望你从描述一个卖鲜花的小女孩入手，写一篇引人入胜的短视频文案，限 500 字。

🅖 文心一言

【视频开篇】

晨光微露，小镇的街道还沉浸在一片宁静之中。镜头缓缓推进，聚焦于一位手捧鲜花的小女孩，她穿着朴素却干净的小裙子，脸上洋溢着纯真的笑容，仿佛春天的使者提前到来。

【旁白】

"在这个被晨光轻拂的清晨，有这样一位小女孩，用一束束绚烂的鲜花，编织着属于她的童话。"

【镜头切换】

随着小女孩轻盈的步伐，镜头跟随她穿梭在狭窄的巷弄间，每一朵鲜花在她的手中都显得格外生动，色彩斑斓，仿佛能听见它们轻声细语。小女孩不时停下脚步，向过往的行人投去温柔的目光，邀请他们共享这份美好。

【情感捕捉】

特写镜头下，小女孩的眼神中闪烁着对生活的热爱与期待。她轻轻抚摸着花瓣，仿佛在与它们对话，那份纯真无邪，瞬间触动了观众的心弦。背景音乐渐起，温柔而悠扬，为这个画面增添了几分温馨与感动。

【故事展开】

小女孩的故事，在这一束束鲜花中悄然展开。她用自己的方式，传递着爱与希望。有老人停下脚步，微笑着接过一束花，眼中满是慈祥；有情侣被吸引，挑选着象征爱情的花朵，脸上洋溢着幸福的笑容。每一朵花，都承载着不同的情感与故事，而小女孩，正是那个编织这一切的魔法师。

【结尾升华】

当最后一束花被售出，小女孩满意地收起零钱，脸上洋溢着满足与自豪。她望向远方，眼中闪烁着对未来的无限憧憬。镜头拉远，小女孩的身影渐渐融入小镇的晨光中，但那份纯真与美好，却永远留在了每个人的心间。

【旁白】

"在这个快节奏的世界里，让我们不忘停下脚步，去感受那些简单而纯粹的美好。就像这位卖鲜花的小女孩一样，用一束束鲜花，温暖人心，点亮生活。"

2.1.7 使用案例模板

扫 码
看视频

随着文心一言的应用场景不断扩大，使用人群不断增多，人们对使用文心一言生成更加专业性的答案的需求也不断增多，而用户在编写指令的时候，可以借助一些案例模板，让文心一言参考这些案例生成类似风格的文案内容，相关案例如下。

 提问

对于"女生穿搭"栏目的短视频，我需要一些能吸引人的短视频标题，标题中需要体现数字式，具有视觉冲击力，让人有想点击观看的欲望，例如：

1. 10种夏季穿搭技巧，让你成为街头最靓的仔！

2. 5大时尚趋势，2024年你不能错过！

3. 7个穿搭误区，女生必须避免！

⬡ 文心一言

当然，以下是一些符合您要求的、具有数字式、视觉冲击力且吸引人的"女生穿搭"栏目短视频标题：

1. 速看！3分钟掌握8套春季约会穿搭，秒变心动女神！

2. 揭秘！时尚圈12个隐藏搭配法则，让你穿搭瞬间提升level！

3. 六大色彩搭配秘籍，让你的衣橱焕然一新，2023秋季必备！

4. 从路人到明星，只需4步！打造高级感日常穿搭教程。

5. 一键解锁！15款秋冬外套搭配公式，保暖又时髦！

6. 小心机！5件基础单品，搭出100种风格，玩转时尚轮回！

7. 避雷警告！女生穿搭9大雷区，你中招了吗？

8. 小个子福音！7个显高穿搭技巧，秒变大长腿！

9. 2024早春预测！三大流行趋势+10件必备单品，抢先看！

10. 改造大作战！旧衣新穿，4件单品搭出24小时不重样！

11. 一键收藏！8双百搭鞋款，搭遍你所有衣服无压力！

12. 从早到晚，5套职场穿搭秘籍，优雅与干练并存！

这些标题结合了数字式表达、明确的内容导向以及吸引人的元素，旨在激发观众的好奇心和观看欲望。

2.2　使用文心一言生成短视频脚本

掌握了文心一言的使用方法，接下来用户就可以利用文心一言来生成创意十足的短视频主题、文案、分镜头脚本和标题，从而创作出引人入胜的短视频内容。

2.2.1　策划热门的短视频主题

扫　码
看视频

策划热门的短视频主题，关键在于捕捉时代热点、用户兴趣与情感共鸣。制作短视频的目的是吸引观众的注意力，传达信息和情感，因此用户首先要策划一个好的主题。下面介绍使用文心一言策划热门的短视频主题的操作方法。

STEP 01 在文心一言的文本框中输入相应指令，按【Enter】键发送，便可以得到文心一言生成的回复，相关指令和回复内容如下。

 提问

帮我推荐 10 个热门短视频话题。

文心一言

以下是推荐的 10 个热门短视频话题，这些话题结合了当前的社会趋势、用户兴趣及平台热点。

1. 生活日常 Vlog：记录并分享个人的日常生活片段，如工作、学习、旅行、美食制作等，通过真实、接地气的内容吸引观众。

2. 才艺展示：包括唱歌、跳舞、绘画、魔术等各种才艺的展示，展现个人特长和魅力，满足观众对多元文化的需求。

3. 挑战类视频：参与或发起各类挑战赛，如"冰桶挑战""舞蹈挑战"等，利用挑战赛的趣味性和互动性吸引用户参与和观看。

4. 知识分享：涵盖教育、科技、健康、生活小窍门等领域的知识分享，以短视频的形式传递有价值的信息。

5. 短剧推广：创作或推广短小精悍的剧集片段，利用剧情的吸引力和悬念性留住观众，同时带动相关剧集或平台的关注度。

6. 宠物萌宠：分享宠物的日常生活、趣事或训练技巧，利用宠物的可爱形象和治愈效果吸引观众，尤其是宠物爱好者的关注。

7. 时尚美妆：展示时尚穿搭、美妆技巧、护肤心得等内容，满足观众对美的追求和学习的需求。

8. 美食制作：分享各类美食的制作过程，包括家常菜、甜点、饮品等，通过诱人的画面和详细的步骤吸引观众的兴趣。

9. 旅行攻略：介绍各地的旅游景点、美食、住宿等旅行信息，为观众提供实用的旅行建议和灵感。

10. 社会热点评论：针对当前社会热点事件进行评论和分析，表达个人观点，引发观众的思考和讨论。

这些话题不仅具有广泛的受众基础，而且能够持续吸引观众的关注和参与。在制作短视频时，建议结合个人特长和兴趣，选择适合自己的话题进行创作。同时，注意保持内容的真实性和创新性，以吸引更多的观众关注和喜爱。

STEP 02 让文心一言在"旅行攻略"这个大的类目下，列出一些热门的视频主题，即可完成热门短视频主题的策划，相关指令和回复内容如下。

 提问

关于"旅行攻略"，给我10个视频主题建议。

文心一言

关于"旅行攻略"的短视频主题，以下是我为您精心准备的10个建议，旨在帮助观众规划旅行、发现美景并提升旅行体验。

1. "一周深度游××城市"：精选一个热门或小众城市，规划一周的详细行程，包括必游景点、地道美食、住宿推荐及小贴士。

2. "××国家签证申请全攻略"：针对热门旅行目的地，详细介绍签证申请流程、所需材料、注意事项及快速通过技巧。

3. "背包客的天堂：××徒步路线"：推荐适合背包客的徒步旅行路线，展示沿途自然风光、文化遗址，分享装备清单和徒步技巧。

4. "自驾游××路线，沿途美景不停歇"：规划一条自驾游线路，介绍沿途的风景名胜、特色美食、休息站点，以及路况和加油站的实用信息。

5. "亲子游必去：××乐园/动物园深度体验"：针对家庭游客，详细介绍亲子游的好去处，包括乐园设施、动物互动、儿童活动及家庭套票优惠。

6. "××季节的××地：最佳旅行时间揭秘"：分析不同季节某地的气候特点、景色变化，推荐最佳旅行时间和必做活动。

7. "××古城/古镇，穿越千年的文化之旅"：深入挖掘古城或古镇的历史文化、建筑特色、民俗风情，带领观众感受古韵今风。

8. "小众但绝美：××隐秘景点探秘"：介绍那些不为人知但风景如画的隐秘景点，避开人潮，享受宁静与美好。

9."××海岛，夏日避暑/潜水胜地"：针对夏季旅行，推荐适合避暑或潜水的海岛，展示清澈海水、沙滩美景及水上活动。

10."预算旅行秘籍：××目的地高性价比玩法"：为预算有限的旅行者提供省钱攻略，包括机票优惠、住宿选择、免费景点及当地美食探索。

这些视频主题旨在覆盖不同旅行者的需求和兴趣，从规划到实施，全方位提供有价值的旅行信息。

2.2.2 生成短视频的具体脚本

 扫 码 看视频

在短视频内容创作领域，确定一个吸引人的主题是至关重要的第一步。一旦主题确定，创作者便可以利用文心一言来生成详细的脚本。文心一言能够根据用户提供的主题，结合当前流行趋势、目标受众的兴趣点以及创意元素，自动生成内容丰富、结构完整的脚本。这不仅能大大提升创作效率，还能确保视频内容的新颖性和吸引力，相关案例如下。

提问

根据主题"张家界自驾游"，写一个抖音短视频脚本，语气：分享人口吻、惊喜、轻松。

文心一言

【视频开头】

画面缓缓拉开，清晨的第一缕阳光穿透薄雾，照在张家界奇峰异石上，镜头从远及近，配以轻快而略带神秘感的背景音乐。

旁白（兴奋地）："嘿，旅行达人们，今天我要带你们一起踏上一场说走就走的自驾之旅——张家界，一个让心灵震撼，让相机快门停不下来的地方！"

【场景一：出发准备】

切换至车内镜头，展示后备箱里整齐摆放的行李，包括户外装备、相机、防晒霜等。

旁白（轻松幽默）："出发前的小确幸，就是打包好一切，感觉自己就像即将探险的勇士！记得哦，张家界的山路可不一般，安全驾驶最重要！"

【场景二：沿途风光】

随着车辆行驶，窗外风景快速掠过，从城市逐渐过渡到乡村，再到蜿蜒的山路。

旁白（惊喜连连）："看！窗外的风景已经开始悄悄变化，每一帧都像是精心布置的画卷。山路虽弯，但每一转都是惊喜，相信我，这趟旅程绝对值回票价！"

【场景三：抵达张家界国家森林公园】

车辆停靠在公园入口，主角下车，深呼吸一口清新的空气，面向镜头。

旁白（满怀期待）："终于到了！张家界国家森林公园，一个让人心驰神往的地方。准备好，我们要开始征服这些大自然的杰作啦！"

【场景四：探索奇峰异石】

快速剪辑几个镜头：主角徒步在金鞭溪旁，仰望高耸入云的袁家界，穿梭在天子山的云海之中，每一个场景都充满震撼。

旁白（兴奋不已）："看这里，金鞭溪的水清澈见底，仿佛能洗净一切尘埃；袁家界的石柱群，就像是大自然精心雕琢的艺术品；还有天子山的云海，让人有种步入仙境的错觉。每一步都是惊喜，每一次抬头都是震撼！"

……

2.2.3　生成短视频的分镜头脚本

扫　码
看视频

分镜头脚本是用来描述短视频中每一个镜头的内容和细节的文稿，通常包含标题、场景描述、景别、运镜、台词或对白、道具、节奏和节拍等要素。用户在文心一言中生成分镜头脚本时，可以根据具体的需求来安排这些要素，相关案例如下。

 提问

你是一名专业的美食博主，正在写一个关于烧烤店探店视频的脚本，场景发生在长沙夜市的一个烧烤摊上，脚本中需要包括当下短视频热门元素，开篇5 s迅速吸引人的眼球，中间有反转，结尾有惊喜，脚本中要包括分镜序号和景别（中、近、远、特写等镜头）。

文心一言

标题：《长沙夜市的烟火味，这家烧烤摊燃爆味蕾的秘密！》

一、分镜序号1-开篇（5秒，远+特写镜头）

景别：远镜头快速掠过长沙夜市的繁华景象，五彩斑斓的灯光、熙熙攘攘的人群，营造出热闹的氛围。

特写镜头：突然切换至烧烤摊上火焰跳跃的特写，炭火熊熊，烤架上肉串嗞嗞作响，油脂滴落瞬间火花四溅，配以"嗞啦"的音效，迅速抓住观众眼球。

旁白："夜幕下的长沙，烟火气最浓的地方是哪里？答案就在这家烧烤摊上！"

二、分镜序号2-引入博主（中镜头）

景别：中镜头对准博主，他（她）站在烧烤摊前，面带微笑，眼神中充满期待。

动作：博主挥手打招呼，镜头跟随其动作缓慢推进。

博主："大家好，我是你们的美食探险家XX，今晚，我要带你们一起揭秘这家藏在长沙夜市里的烧烤神店！"

三、分镜序号3-烧烤展示（远+近镜头交替）

远镜头：展示烧烤摊的全貌，食客围坐，热闹非凡。

近镜头：特写各种烧烤食材，如鲜嫩多汁的羊肉串、金黄酥脆的鸡翅、香辣诱人的茄子等。

旁白："看这琳琅满目的烤串，每一串都是对味觉的极致诱惑。"

四、分镜序号4-反转（近+特写镜头）

近镜头：博主拿起一串看似普通的烤串试吃，表情略显平淡。

特写镜头：博主眉头微皱，似乎在思考什么。

反转：老板突然端出一碗秘制酱料，博主惊讶地接过，蘸上后再次尝试，表情瞬间变得惊喜。

博主（惊喜地）："哇哦！这酱料简直是点睛之笔，味道瞬间升华了！"

五、分镜序号5-互动环节（中+特写镜头）

中镜头：博主邀请旁边桌的食客一起品尝，大家纷纷点头称赞。

……

2.2.4 生成短视频的标题文案 扫 码 看视频

除了策划主题和生成脚本之外，文心一言还可以用来生成短视频标题。短视频标题是短视频内容的"门面"，它在吸引观众、传达信息和提升视频传播效果方面发挥着至关重要的作用。一个吸引人的标题能够迅速抓住观众的眼球，激发他们的好奇心，促使他们点击观看，从而可以使短视频在社交媒体上获得更广泛的传播，相关案例如下。

 提问

提供 10 个主题为"家居好物分享"的短视频标题文案，要求：1. 突出受众痛点；2. 能够快速吸引人眼球，并使受众产生观看视频内容的兴趣。

文心一言

1. 告别杂乱无章！这款收纳神器，让你的小窝秒变宽敞整洁

2. 熬夜党必看！超静音空气净化器，守护你的甜美梦乡

3. 厨房小白秒变大厨？一键式智能料理机，美味轻松享

4. 腰酸背痛说拜拜！人体工学椅，给你的脊椎来个深度 SPA

5. 告别潮湿霉味！智能除湿机，让家四季如春

6. 家务新革命！自动扫地机器人，懒人必备幸福神器

7. 光线不足也能美美哒！智能补光灯，直播自拍新宠儿

8. 小户型福音！折叠式多功能家具，空间利用大师级展示

9. 冬暖夏凉不是梦！智能温控窗帘，一键调控家的温度

10. 告别噪声烦恼！隔音耳塞＋耳塞盒套装，安静享受个人时光

这些标题文案既突出了受众在日常生活中的痛点问题，如收纳难、睡眠受扰、家务繁重等，又通过吸引人的词汇和场景描绘，迅速激发观众的好奇心，促使他们想要进一步了解视频中的"家居好物"是如何解决这些问题的。

2.3 文心一言的文案生成实战

用户在运用文心一言生成短视频文案时，可以根据短视频的不同类型来撰写指

令，从而生成更具有针对性、更吸引人的短视频文案。本节将介绍影视解说、情景短剧、知识科普、哲理口播、图文分享这 5 类热门短视频文案的生成方法。

2.3.1 生成影视解说类短视频文案

扫 码
看视频

影视解说类短视频文案是指对电影、电视剧的情节内容进行描述和解析的文案。这类文案一般用语幽默、简洁，能够高度概括情节内容，并能以最短时间和最快速度传达给受众。下面介绍运用文心一言生成影视解说类短视频文案的操作方法。

STEP 01 在文心一言的文本框中输入相应指令，确认文心一言是否了解影视解说类短视频文案，相关指令和回复内容如下。

 提问

影视解说类短视频文案是什么，限 300 字。

文心一言

影视解说类短视频文案是精炼而富有吸引力的文本内容，旨在快速概述影片精髓，激发观众兴趣，引导他们观看原片或继续浏览视频。文案通常包括影片的基本信息（如片名、类型、主要演员）、核心剧情梗概（突出关键情节、转折点）、角色亮点（简要介绍主要人物及其性格、关系），以及个人见解或推荐理由（如影片的独特之处、情感共鸣点、观影感受等）。在有限的字数内，文案需巧妙运用语言技巧，如悬念设置、情感渲染、幽默元素等，以快速抓住观众眼球，提升视频的点击率和观看时长。

STEP 02 除了确认文心一言对影视解说类短视频文案的了解程度之外，用户还需要确认文心一言是否了解要解说的影视作品，相关指令和回复内容如下。

 提问

你了解电影《中国机长》吗？

文心一言

电影《中国机长》是一部根据真实事件改编的传记灾难电影，影片以2018年5月14日四川航空3U8633航班在万米高空突遇驾驶舱风挡玻璃爆裂脱落、座舱释压的极端罕见险情为背景，生动再现了机组人员临危不乱、果断应对、正确处置，最终确保机上全体人员生命安全的世界民航史上的奇迹。

该片通过紧张刺激的情节设计、真实感营造和出色的演员表现，成功展现了机组人员在极端险情下的英勇与智慧，传递了正能量和人性光辉。同时，影片也获得了多项国内外奖项的肯定，证明了其优秀的制作水平和艺术价值。

STEP 03 完成对话前提的生成后，就可以让文心一言生成正式的影视解说类短视频文案了，相关指令和回复内容如下。

💬 提问

你是一名影视解说类短视频博主，现在正在创作一篇对电影《中国机长》的解说文案，要求：从剧情、特效和影响力这3个方面进行分析，语言幽默风趣，配有画面说明。

🔷 文心一言

【电影《中国机长》——云端之上的英雄赞歌】

大家好，欢迎来到本期影视解说，今天我们将一起深入剖析那部震撼人心、让人难以忘怀的佳作——《中国机长》。这部影片，不仅是一场视觉与情感的双重盛宴，更是对中国民航精神的一次深情致敬。

【剧情篇：真实再现，扣人心弦】

《中国机长》的剧情，是基于2018年四川航空3U8633航班真实事件改编，这一点本身就赋予了影片极高的现实意义和震撼力。影片从机组人员日常的严谨训练切入，逐渐铺陈至那场突如其来的空中危机。当驾驶舱风挡玻璃爆裂，飞机瞬间暴露在极端恶劣的飞行环境中，那一刻，整个影院的空气仿佛都凝固了。观众随着机组成员的视角，一同经历了从惊恐、绝望到坚定信念、共同克服困难的全过程。剧情紧凑，节奏把握得当，每一个细节都扣人心弦，让人不禁为机组人员的英勇与智慧点赞。

【特效篇：震撼视觉，身临其境】

在特效方面，《中国机长》同样展现出了极高的水准。影片通过先进的视觉效果技术，将那场惊心动魄的空中险情逼真地呈现在观众面前。无论是雷电交加的恶劣天气，还是飞机内部气压骤降、氧气面罩掉落的紧张场景，都让人仿佛置身于那个危机四伏的万米高空。特效团队对细节的把控堪称完美，每一个特效镜头都让人印象深刻，为影片增色不少。

【影响力篇：传递正能量，引发热议】

《中国机长》的影响力，远远超出了电影本身。影片上映后，迅速引起了社会各界的广泛关注和热烈讨论。它不仅让人们看到了中国民航人的专业素养和英勇无畏，更激发了全社会对于英雄主义的崇敬和向往。影片中展现出的团结协作、勇于担当的精神，成为激励人们面对困难时勇往直前的强大动力。此外，影片还促进了公众对于航空安全知识的了解和认识，提升了大众的安全意识。

总之，《中国机长》是一部集剧情、特效、影响力于一体的优秀电影作品。它以真实事件为蓝本，通过精湛的叙事手法和震撼的视觉效果，将一段英雄事迹生动地呈现在观众面前。同时，影片所传递的正能量和深刻内涵，也让它成为一部具有广泛社会影响力和深远意义的佳作。

2.3.2　生成情景短剧类短视频文案

扫　码
看视频

情景短剧类短视频文案通常用一个小故事的形式来抒发情感、反映社会问题。不过，想让视频吸引更多关注，用户开始就要在生成文案时要求文心一言设置剧情冲突，这样才不会让观众在观看时觉得无聊。下面介绍运用文心一言生成情景短剧类视频文案的操作方法。

STEP 01 在文心一言的文本框中输入对话前提，确认文心一言对情景短剧类视频文案的了解程度，相关指令和回复内容如下。

 提问

你了解情景短剧类短视频文案吗？

文心一言

　　情景短剧类短视频文案是创作这类视频内容时不可或缺的一部分，它负责构建故事框架、引导观众情绪，以及通过精练的语言和创意的叙述方式吸引并留住观众。以下是一些关于情景短剧类短视频文案的要点和技巧。

　　1. 明确主题与情感基调

　　主题清晰：首先确定视频想要传达的核心信息或故事主题，比如爱情、友情、职场挑战、家庭温馨等。

　　情感基调：根据主题设定情感基调，是幽默诙谐、温馨感人、励志向上，还是悬疑惊悚，这会影响文案的整体风格和用词。

　　2. 构建引人入胜的开头

　　吸引注意：开头几秒至关重要，要用精练有趣的语言或情节快速抓住观众眼球。

　　设置悬念：如果适用，可以通过提问、冲突或未完待续的情节设置悬念，激发观众的好奇心。

　　3. 精练剧情描述

　　情节紧凑：情景短剧时间有限，文案需要高度概括关键情节，避免冗长。

　　角色鲜明：通过简短的对话或行为描述，让角色性格和关系一目了然。

　　4. 语言生动，富有创意

　　运用网络热梗：适当融入时下流行的网络词汇、表情包或梗，增加视频的时代感和趣味性。

　　比喻与夸张：通过生动形象的比喻和适度的夸张手法，增强文案的表现力。

　　5. 强化结尾，引导互动

　　总结升华：在结尾部分总结故事，可以是对主题的深化或情感的升华。

　　引导互动：鼓励观众点赞、评论、分享或关注，提出与视频内容相关的问题，促进互动。

　　开放结局：有时留下一个开放性的结局，可以激发观众的好奇心，促使他们期待下一期内容。

STEP 02 在文心一言的文本框中输入对视频文案的具体需求，指导文心一言生成特定的视频文案，相关指令和回复内容如下。

 提问

　　以"女孩和男孩正在热恋期"为主题，创作一篇情景短剧类短视频文案，要求：设置剧情冲突，结局感人。

文心一言

【视频标题】《雨后的彩虹桥》

开场画面：

　　画面缓缓拉开，清晨的阳光透过窗帘缝隙，洒在一张并排放置的书桌上。镜头推进，桌上散落着几本翻开的书，两杯还冒着热气的牛奶旁，是一张合照，照片中的女孩笑靥如花，男孩眼神温柔地望向她。

　　旁白："在这个小镇的每一个角落，都藏着他们甜蜜的秘密。她，是晨曦中的一缕温柔；他，是夜空中最亮的星。"

　　场景一：甜蜜日常

　　（切换至公园长椅，两人手牵手散步，背景音乐轻快）

　　女孩（笑着）："看，那朵云好像棉花糖，好想咬一口。"

　　男孩宠溺地刮了刮她的鼻子："那你就是我的小甜心，比任何棉花糖都要甜。"

　　剧情冲突：

　　（画面转暗，雨声渐起，两人站在屋檐下避雨）

　　女孩突然变得严肃，眼神中闪过一丝犹豫："我……我可能要去国外深造了，一个为期两年的项目。"

　　男孩愣住了，雨声似乎在这一刻更加清晰，他紧紧握住女孩的手，却说不出话。

　　内心独白（男孩视角，旁白）：

　　"我的世界仿佛突然失去了色彩，两年的距离，我们能坚持吗？"

　　场景二：雨后的对话

　　（雨停，两人并肩走在湿润的小道上，气氛凝重）

　　女孩轻声说："我知道这很难，但我相信我们的爱能跨越时间和空间。你愿意等我吗？"

男孩深吸一口气，眼中闪烁着坚定："我愿意，无论多久，我都会在这里等你，就像这雨后的彩虹，虽然短暂却异常美丽，它告诉我们，无论经历多少风雨，总会有希望。"

……

2.3.3 生成知识科普类短视频文案

 扫 码
看视频

知识科普类短视频文案的目的是向受众介绍和解释某一事物或现象，这类文案的专业性较强，但语言风格通常是轻松、幽默的，让观众在接收知识的过程中不会觉得枯燥、乏味。下面介绍运用文心一言生成知识科普类短视频文案的操作方法。

STEP 01 在文心一言的文本框中输入相应指令，让文心一言撰写 10 个知识科普类短视频文案的主题，相关指令和回复内容如下。

 提问

以"宇宙探索"为主题，撰写 10 个知识科普类短视频文案的主题。

文心一言

以"宇宙探索"为主题，以下是 10 个知识科普类短视频文案的主题。

1. 火星殖民计划：展望人类未来在火星上建立基地的宏伟蓝图，探讨技术挑战与生存策略。

2. 深空探测器揭秘：介绍那些勇闯未知领域的探测器，如旅行者号、新视野号，它们的任务与发现。

3. 国际空间站的生活：一窥宇航员在太空中如何生活、工作，以及他们面临的日常挑战。

4. 月球背面的秘密：揭示月球背面的神秘面貌，以及为何它长期对地球隐藏其真实面貌。

5. 引力波探测器：聆听宇宙的低语：介绍 LIGO 等引力波探测器，如何捕捉宇宙深处的震动，揭示极端天体事件。

6. 哈勃望远镜的宇宙视野：展示哈勃望远镜拍摄的壮丽宇宙图片，揭示星系、星云等天体的奥秘。

7.太空旅行的未来技术：探索离子推进、曲率驱动等前沿科技，如何改变人类探索宇宙的方式。

8.小行星采矿：太空资源的新边疆：介绍小行星采矿的概念、技术挑战及潜在经济价值。

9.太空垃圾问题：揭示太空环境中日益严重的垃圾问题，及其对地球及未来太空探索的威胁。

10.火星车的探险历程：回顾并展望火星车（如好奇号、毅力号）在火星表面的探险故事，以及它们的科学发现。

STEP 02 在文心一言的文本框中输入对视频文案的具体需求，指导文心一言生成特定的知识科普类短视频脚本内容，相关指令和回复内容如下。

提问

以"国际空间站的生活"为主题，介绍宇航员在太空中如何生活、工作，创作一篇知识科普类短视频文案，要求：语言幽默，具备专业知识的讲解。

文心一言

【视频开头】

[镜头缓缓推进，模拟穿越星际的效果，最终定格在国际空间站的窗外，繁星点点作为背景。]

旁白（带着一丝调皮的语气）："嘿，小伙伴们，今天咱们不聊黑洞，不侃银河，咱们来点接地气的——聊聊那些飘在太空中的'超级英雄'，他们啊，在国际空间站上，过着比蝙蝠侠还酷的生活！"

【正文部分】

场景一：起床篇

[画面切换至宇航员在失重环境下，以一种看似悠闲实则需要技巧的方式"漂浮"醒来。]

旁白："想象一下，每天叫醒你的不是闹钟，而是地球的自转。当你缓缓'飘'醒，记得先来个太空瑜伽，毕竟，在这里，倒立是最简单的早间运动了！"

场景二：洗漱篇

[展示宇航员使用特制吸盘牙刷和免冲洗洗发水，以及如何将水珠收集起来的场景。]

旁白："刷牙？没问题，但记得别吞下去哦，毕竟水资源宝贵。至于洗头？嗯，那就像在给自己做一场银河系的 SPA，只不过，泡沫得自己回收。"

场景三：工作篇

[画面展示宇航员在微重力环境下进行实验、维修设备、观察地球等场景。]

旁白："说到工作，咱们的宇航员可都是全能型选手。一会儿是物理学家，研究宇宙的奥秘；一会儿又变身机械师，修复太空中的小故障。哦对了，别忘了，他们还是地球上最棒的摄影师，每天都能拍到最独一无二的地球照。"

场景四：娱乐篇

[宇航员展示在空间站内看书、锻炼，甚至与地球家人视频通话的场景。]

旁白："工作之余，咱们的宇航员也懂得享受生活。看书、健身，还有和家人来一场穿越星际的视频聊天，告诉你个小秘密，他们可是最会讲宇宙段子的哦！"

场景五：睡觉篇

[展示宇航员如何进入特制的睡眠舱，利用束缚带固定自己，以确保在微重力环境下也能安稳入睡。]

旁白："夜幕降临，是时候进入梦乡了。不过在这里，睡觉可是个技术活。得把自己绑成'太空粽子'，不然一不小心就飘到天花板上了。别担心，他们可是专业'飘'家！"

......

2.3.4　生成哲理口播类短视频文案

扫　码
看视频

　　哲理口播类短视频文案是指通过口播视频的形式进行生活哲理分享和讲解的文字描述，能够帮助观众领悟生活的真谛、解决心灵的困扰。下面介绍运用文心一言生成哲理口播类短视频文案的操作方法。

STEP 01 在文心一言的文本框中输入相应指令，确认文心一言是否了解哲理口播类短视频脚本文案的写法，相关指令和回复内容如下。

 提问

什么是哲理口播类短视频？写这类短视频文案有哪些注意事项？

 文心一言

哲理口播类短视频是通过简短而深刻的言语，结合个人见解或经典哲理，以口头表达形式传递人生智慧、道德观念或心灵启迪的短视频内容。撰写这类短视频文案时，须注意。

1. 精炼语言：确保每句话都富有深意，言简意赅，避免冗长。

2. 共鸣点：寻找普遍的情感共鸣点，让观众能从中找到自我反思的空间。

3. 逻辑清晰：即使内容简短，也要保持逻辑连贯，层层递进。

4. 正能量：传递积极向上的信息，避免消极情绪。

5. 个性化：融入个人风格，使内容更具辨识度。

6. 引用恰当：若引用名言，需确保准确无误，并注明出处。

7. 结尾点睛：以一句总结性或启发性的话语结束，加深印象。

STEP 02 在文心一言的文本框中输入对哲理口播类短视频文案的具体需求，指导文心一言生成特定的哲理口播类短视频文案，相关指令和回复内容如下。

 提问

请以"如何让爱情长久保鲜"为主题，创作一篇哲理口播类短视频文案，要求：道理深刻，适当举例，向人传达积极向上的思想。

 文心一言

【镜头缓缓拉开，温暖的灯光洒在空旷的室内，主角坐在简约的沙发上，面带微笑，眼神温柔】

旁白（沉稳而富有磁性）："在这个快节奏的世界里，爱情，如同一朵娇艳的花，需要细心呵护，方能长久绽放。那么，如何让爱情长久保鲜呢？"

【主角轻轻抬手，仿佛在空气中勾勒着无形的线条】

旁白："首先，是理解与尊重。想象一下，你手中的咖啡，每滴精华都源自不同的咖啡豆，它们各有风味。爱情中的你我，亦是如此，带着各自的过往、梦想与习惯。学会倾听对方的心声，尊重彼此的差异，就像品味那杯混合了多种风味的咖啡，你会发现，原来融合可以如此美妙。"

【主角眼神望向远方，带着一丝回忆】

旁白："其次，是共同成长。爱情不是静止的湖泊，而是奔流不息的河流。记得那次我们一起爬山，虽然过程中有疲惫，但当我们站在山顶，俯瞰云海，那份成就感与默契，让我们的心更加贴近。在爱情里，携手并进，共同面对生活的挑战，让彼此成为更好的自己。"

【主角微笑，眼神中闪烁着光芒】

旁白："再者，是感恩与珍惜。每一天醒来，感谢身边有他的陪伴，就像晨光中的第一缕阳光，温暖而不可或缺。记得那些平凡日子里的小确幸，比如他为你准备的一杯热茶，或是雨中共撑一把伞的温馨。珍惜这些瞬间，它们是爱情中最宝贵的养分。"

【主角缓缓站起，面向镜头，语气坚定】

旁白："最后，是信任与包容。爱情里最动人的不是'我爱你'，而是'我相信你'。就像夜空中最亮的星，即使相隔万里，也能感受到彼此的光芒。面对分歧与误解，用宽容的心去化解，因为真正的爱情，经得起时间的考验，也容得下彼此的不完美。"

【镜头渐渐拉远，主角的身影在温暖的灯光下显得格外温馨】

旁白："让爱情长久保鲜，其实并不复杂。它需要的，不过是一点理解、一份尊重、共同成长的决心、感恩珍惜的心态，以及坚定不移的信任与包容。愿你我都能在爱情的旅途中，手牵手，心连心，直到世界的尽头。"

【画面渐暗，结束语响起】

"爱情，是生命中最美的诗篇，愿你我都能成为那最好的诗人。"

2.3.5　生成图文分享类短视频文案

扫　码
看视频

图文分享类短视频是一种制作简单又广受欢迎的短视频，通常由多条文案和对应的图片组成。这些文案彼此之间没有直接关联，但都体现了视频的主题。用户不仅可以借助文心一言轻松生成文案，还能让文心一言提供相应的配图建议，进一步提高视频制作的效率。下面介绍运用文心一言生成图文分享类短视频文案的操作方法。

STEP 01 在文心一言的文本框中输入相应指令，确认文心一言是否了解图文分享类短视频文案的写法，相关指令和回复内容如下。

提问

你了解图文分享类短视频文案吗？

文心一言

图文分享类短视频文案是指通过图片与文字相结合的方式，在短视频平台上分享各种内容的一种文案形式。这类文案的特点在于其直观性和易读性，能够在短时间内吸引观众的注意力并传达信息。

在撰写图文分享类短视频文案时，需要注意以下几点。

1. 内容选择：选择具有吸引力、有价值或能引起共鸣的内容进行分享。这些内容可以涵盖工作知识技能、美食食谱、时尚穿搭、可爱萌宠、旅游、数码百货测评等多个领域。

2. 文案撰写：文案应简洁明了，能够准确传达图片所表达的信息或情感。同时，文案也可以适当加入一些幽默、风趣或引人深思的元素，以增加观众的观看兴趣。

3. 图片选择：图片的质量与美观程度对于图文分享类短视频至关重要。应选择清晰度高、色彩鲜艳、构图合理的图片，以吸引观众的眼球。此外，图片的版权问题也需要注意，确保所使用的图片不会侵犯他人的知识产权。

4. 文案与图片的结合：文案与图片应相互呼应，形成有机的整体。文案可以解释图片中的细节、背景或情感，而图片则可以直观地展示文案所描述的内容或场景。

5. 互动与引导：在文案中可以适当加入一些互动元素，如提问、邀请观众留言或分享自己的经历等，以增加观众的参与感和黏性。同时，也可以引导观众关注、点赞或分享视频，以扩大视频的传播范围。

综上所述，图文分享类短视频文案需要注重内容的选择、文案的撰写、图片的选择以及文案与图片的结合等方面，以制作出具有吸引力和传播力的短视频内容。

STEP 02 在文心一言的文本框中输入对图文分享类视频文案的具体需求，指导文心一言生成特定的图文分享类短视频文案，相关指令和回复内容如下。

 提问

以草原为主题，提供10条图文分享类短视频文案，要求：语句唯美，富含哲理，并提供配图建议。

文心一言

1. 文案："在无垠的草原上，每一朵野花都是自由的歌者，它们不问归期，只愿随风轻舞。草原的辽阔，教会我们心胸宽广，拥抱每一个不期而遇的美好。"

配图建议：一片广袤的草原，远处重峦叠嶂，近处野花遍地，色彩斑斓，一只蝴蝶正停在一朵盛开的野花上。

2. 文案："夕阳如血，洒落在起伏的草原上，金色的光辉与绿色的草浪交织成一幅动人心魄的画卷。草原的黄昏，是时间低语，告诉我们珍惜眼前的温柔与宁静。"

配图建议：夕阳下的草原，天边绚烂的晚霞与地面金黄的草地相映成趣，远处几匹马儿悠闲地吃着草。

3. 文案："草原的风，带着远方的呼唤，它轻轻吹过耳边，仿佛在低语古老的故事。在这片土地上，每一缕风都是历史的见证者，它们诉说着过往与未来。"

配图建议：一位旅人站在草原上，背对着镜头，面朝远方，头发和衣角被微风吹起，脸上洋溢着宁静与向往。

4. 文案："星辰下的草原，万籁俱寂，只有虫鸣与风声交织成夜的乐章。抬头仰望，银河横跨天际，让人不禁思考，在这片浩瀚宇宙中，我们何其渺小，又何其幸运。"

配图建议：夜空下的草原，满天繁星璀璨，银河清晰可见，远处有几点篝火在闪烁，增添了几分温暖与神秘。

5. 文案："草原上的羊群，如同移动的云朵，它们悠闲地吃着草，享受着大自然的馈赠。在这片土地上，生命以最质朴的方式展现着和谐与共生。"

　　配图建议：一群羊在草原上悠闲地吃草，远处的山丘和蓝天白云构成了一幅和谐的画面。

　　6. 文案："草原的雨，来得快去得也快，它洗净了尘埃，也滋润了心灵。雨后的草原，更加生机勃勃，每一片叶子都闪耀着生命的光芒。"

　　配图建议：雨后初晴的草原，阳光透过云层洒在湿润的地面上，水珠在草尖上闪烁，远处一道彩虹横跨天际。

　　7. 文案："在草原的尽头，是梦想开始的地方。它遥远而模糊，却吸引着每一颗勇敢的心去追寻。草原，是自由与梦想的代名词。"

　　配图建议：一位旅人站在草原的尽头，背对着镜头眺望远方，背景是连绵不绝的山脉和广袤的天空，寓意着无限的可能与希望。

　　8. 文案："草原上的日出，是大自然最温柔的唤醒。当第一缕阳光穿透云层，照耀在大地上时，整个世界都仿佛被赋予了新的生命。"

　　配图建议：日出的瞬间，金色的阳光穿透云层洒在草原上，远处的山峦和近处的草地都被染上了一层金辉。

　　……

2.4　本章小结

　　本章详细介绍了文心一言的使用技巧，涵盖从注册登录到高级功能的全面指导，如生成回复、多轮对话、模仿语言风格及指定文案内容等。同时，结合实际案例，展示了文心一言在短视频脚本生成中的强大应用，包括策划热门主题、撰写脚本、分镜头设计到标题文案创作等。另外，还对影视解说类、情景短剧类、知识科普类、哲理口播类以及图文分享类短视频进行了案例讲解。学习本章内容后，读者将掌握文心一言的高效使用方法，提升脚本创作效率与质量，为短视频制作及其他内容创作提供有力支持。

第 3 章

文生视频
即梦 AI 的应用

在 AI 时代，艺术创作与技术的结合催生了无数创新形式。本章深入探讨了一种新兴的 AI 艺术创作形式——文生视频，它打破了传统视频创作的界限，能够将文字转换为一场视觉盛宴。在即梦 AI 的文生视频功能中，文字不仅是叙述的工具，更是创作的起点，是激发 AI 想象力的"催化剂"。

3.1　认识即梦AI

即梦 AI 是由抖音旗下的剪映推出的一款 AI 图片与视频创作工具，即梦 AI 的文生视频功能以其简洁直观的操作页面和强大的 AI 算法，为用户提供了一种全新的视频创作体验。不同于传统的视频制作流程，用户无须精通视频编辑软件或拥有专业的视频制作技能，只需通过简单的文字描述，即可激发 AI 的创造力，生成引人入胜的视频内容。

本节主要介绍登录即梦 AI 的方法，并对即梦 AI 的界面与核心功能进行详细讲解，帮助用户快速熟悉即梦 AI 创作平台。

3.1.1　登录即梦AI

扫　码
看视频

使用即梦 AI 生成短视频作品之前，首先需要打开即梦 AI 网站，并登录相关账号，才可以进行 AI 创作。下面介绍登录即梦 AI 平台的操作方法。

STEP 01 打开相应浏览器，输入即梦 AI 的官方网址，打开官方网站，如图 3-1 所示。

图 3-1　打开官方网站

STEP 02 在网页的右上角位置，单击"登录"按钮，进入相应页面，如图 3-2 所示，选中相关的协议单选按钮，然后单击"登录"按钮。

STEP 03 弹出"抖音授权登录"窗口，进入"扫码授权"选项卡，打开手机上的抖音 APP，打开"扫一扫"功能，用手机扫描窗口中的二维码，如图 3-3 所示。

图 3-2　单击"登录"按钮

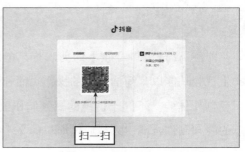

图 3-3　扫描窗口中的二维码

提示

　　如果用户没有抖音账号，可以去手机的应用商店中下载抖音 APP，然后通过手机号码注册、登录，然后打开抖音 APP 界面，点击左上角的 ▤ 按钮，在弹出的列表框中点击"扫一扫"按钮，即可进入扫一扫界面。

STEP 04 执行操作后，在手机上同意授权，即可登录即梦 AI 账号，右上角如果显示了抖音账号的头像，则表示登录成功，如图 3-4 所示。

图 3-4　右上角显示了抖音账号的头像

3.1.2　认识即梦 AI 的界面

扫　码
看视频

　　使用即梦 AI 进行短视频创作之前，还需要掌握即梦 AI 页面中的各功能模块，认识相应的操作功能，这可以使短视频创作更加高效。在"即梦 AI"页面中，包括"AI作图""AI 视频"以及"常用功能"等模块，还有社区作品的欣赏区域，如图 3-5 所示。

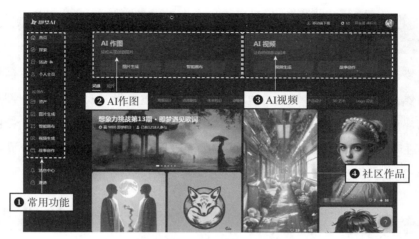

图 3-5　认识即梦 AI 页面

下面对即梦 AI 页面中的各主要功能进行相关讲解。

❶ 常用功能：在该列表框中，包括"探索""活动""图片生成""智能画布""视频生成"与"故事创作"等常用功能，选择相应的选项，即可跳转到对应的页面。

❷ AI 作图：在该选项区中，包括"图片生成"与"智能画布"两个按钮，单击相应的按钮，可以生成 AI 绘画作品。

❸ AI 视频：在该选项区中，包括"视频生成"与"故事创作"两个按钮，单击相应的按钮，可以生成 AI 视频作品。

❹ 社区作品：在该区域中，包括"灵感"和"短片"两个选项卡，其中展示了其他用户创作和分享的 AI 短视频作品，单击相应作品可以放大预览。

提示

　　即梦 AI 对于需要快速生成创意内容的用户来说是一个福音，尤其是在内容创作竞争激烈的抖音平台上。尽管即梦 AI 的视频生成技术相较于 AI 图片兴起的时间较短，但即梦 AI 在这一领域的发展十分迅速。

　　虽然即梦 AI 与一些先驱产品如 Sora 相比还有差距，但它已经展现出了不俗的潜力和效果。根据用户反馈和媒体报道，即梦在提供便捷的 AI 创作体验方面得到了一定的用户认可，尽管在某些细节处理上还有提升空间，如人体动作的模拟、面部表情的细腻度等，随着技术的不断进步和应用场景的不断拓展，即梦 AI 的功能和应用场景也将不断扩展和完善，这意味着即梦 AI 的未来充满了无限可能性和潜力。

3.1.3 掌握即梦AI的核心功能

即梦 AI 的核心功能主要包括图片生成、智能画布、视频生成、故事创作。此外，即梦 AI 还提供了一些辅助功能，如图片参数设置、做同款提示模板、图片变超清、局部重绘和画面扩图等，这些功能共同为用户提供了一个一站式的 AI 创作平台，旨在降低用户的创作门槛，激发用户的无限创意。下面以图解的方式介绍即梦AI 的 4 个核心功能，如图 3-6 所示。

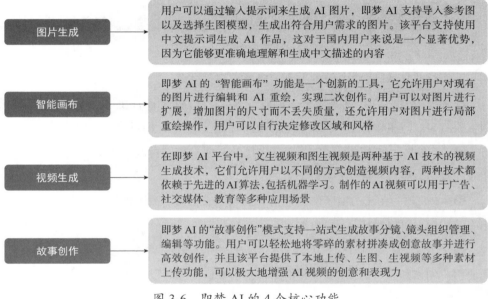

图片生成
用户可以通过输入提示词来生成 AI 图片，即梦 AI 支持导入参考图以及选择生图模型，生成出符合用户需求的图片。该平台支持使用中文提示词生成 AI 作品，这对于国内用户来说是一个显著优势，因为它能够更准确地理解和生成中文描述的内容

智能画布
即梦 AI 的"智能画布"功能是一个创新的工具，它允许用户对现有的图片进行编辑和 AI 重绘，实现二次创作。用户可以对图片进行扩展，增加图片的尺寸而不丢失质量，还允许用户对图片进行局部重绘操作，用户可以自行决定修改区域和风格

视频生成
在即梦 AI 平台中，文生视频和图生视频是两种基于 AI 技术的视频生成技术，它们允许用户以不同的方式创造视频内容，两种技术都依赖于先进的 AI 算法，包括机器学习。制作的 AI 视频可以用于广告、社交媒体、教育等多种应用场景

故事创作
即梦 AI 的"故事创作"模式支持一站式生成故事分镜、镜头组织管理、编辑等功能。用户可以轻松地将零碎的素材拼凑成创意故事并进行高效创作，并且该平台提供了本地上传、生图、生视频等多种素材上传功能，可以极大地增强 AI 视频的创意和表现力

图 3-6　即梦 AI 的 4 个核心功能

提示

即梦 AI 以其独特的 AI 绘图和视频生成功能为核心，通过提供高效、便捷的创意实现工具，为用户带来了全新的创作体验。

3.2 文生视频的设置技巧

在文生视频的过程中，文字描述扮演着至关重要的角色。用户的文字不仅是视频内容的蓝图，更是 AI 理解用户意图和创作方向的关键。文字描述的准确性、创造性和情感表达，直接影响着最终视频的质量和感染力。本节主要介绍文生视频的相关设置技巧，帮助大家一键生成自然流畅的短视频效果。

3.2.1　控制运镜类型

扫 码
看视频

在即梦 AI 中，"控制运镜"选项是一个非常重要的功能，它为用户提供了多种镜头控制能力，以便在视频生成和编辑过程中实现更加丰富和动态的视觉效果，如图 3-7 所示。

下面介绍在即梦 AI 中控制运镜类型的操作方法。

STEP 01 打开即梦 AI 首页，在"AI 视频"选项区中单击"视频生成"按钮，如图 3-8 所示。

STEP 02 执行操作后，进入"视频生成"页面，切换至"文本生视频"选项卡，输入相应的提示词，用于指导 AI 生成特定的视频，如图 3-9 所示。

STEP 03 单击"随机运镜"按钮，在弹出的"运镜控制"面板中，单击"变焦"右侧的 🔍 按钮，使镜头逐渐靠近拍摄对象，如图 3-10 所示。

图 3-7　效果欣赏

图 3-8　单击"视频生成"按钮

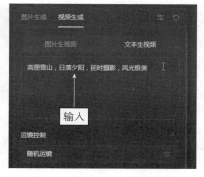

图 3-9　输入相应的提示词

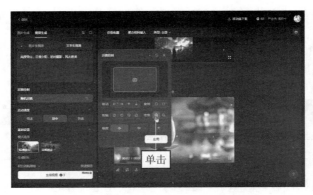

图 3-10　单击"变焦"右侧的相应按钮

(STEP 04) 单击"应用"按钮，然后单击"生成视频"按钮，即可开始生成视频，并显示生成进度，如图 3-11 所示。

(STEP 05) 稍等片刻，即可生成相应的视频效果，将鼠标移至视频画面上，即可自动播放 AI 视频效果，如图 3-12 所示。

图 3-11　显示生成进度

图 3-12　自动播放 AI 视频效果

3.2.2　设置运动速度

扫　码
看视频

在即梦 AI 中生成视频时，"运动速度"是一个重要的选项，它允许用户控制视频中的动作和场景变换的速度，效果如图 3-13 所示。

下面介绍在即梦 AI 中设置视频运动速度的操作方法。

(STEP 01) 进入"视频生成"页面，切换至"文本生视频"选项卡，输入相应的提示词，用于指导 AI 生成特定的视频，如图 3-14 所示。

(STEP 02) 在下方设置"运动速度"为"慢速"，表示期望视频画面慢速播放，如图 3-15 所示。

图 3-13　效果欣赏

图 3-14　输入相应的提示词

图 3-15　设置"运动速度"为"慢速"

提示

　　在即梦 AI 中，慢速可以显著放大视频中的动作细节，使观众能够更清晰地看到每一个细微的变化和过渡，从而增强视频的观赏性和艺术性；适中速度是视频制作中最常用的运动速度之一，它能够保持视频的自然流畅感，使观众在观看过程中不会感到突兀或不适；快速能够营造出一种紧张、刺激的氛围，使观众在观看过程中感受到强烈的视觉冲击和情绪波动。对于需要展现快节奏、高效率的场景（如体育赛事、舞蹈表演等），快速能够更好地捕捉和呈现这些元素，使观众感受到强烈的动感和活力。

STEP 03 单击"生成视频"按钮，稍等片刻，即可生成相应的视频效果，将鼠标移至视频画面上，即可自动播放 AI 视频效果，如图 3-16 所示。

图 3-16　自动播放 AI 视频效果

3.2.3　设置视频比例

扫　码
看视频

在即梦 AI 中，不同的视频比例可以影响画面的视觉平衡和构图，用户需要根据内容和设计目标来选择最合适的视频比例。即梦 AI 中提供了多种比例模板供用户选择，帮助用户快速获得想要的视频比例，效果如图 3-17 所示。

下面介绍在即梦 AI 中设置视频比例的操作方法。

STEP 01 进入"视频生成"页面，切换至"文本生视频"选项卡，

图 3-17　效果欣赏

输入相应的提示词，用于指导 AI 生成特定的视频，如图 3-18 所示。

STEP 02 在下方设置"视频比例"为 1：1，如图 3-19 所示，该 1：1 视频比例是一种宽度和高度相等的视频尺寸，这种尺寸的视频在视觉上呈现为正方形，特别适合移动设备和社交媒体平台。

图 3-18 输入相应的提示词

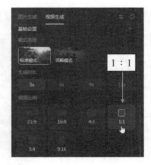

图 3-19 选择 1：1 选项

提示

1：1 的方幅视频形成了一个完美的正方形，这种对称性在视觉上非常吸引人。方幅视频的框架限制了画面宽度，迫使观众的注意力集中在画面中心，有助于突出主题和细节。

STEP 03 单击"生成视频"按钮，稍等片刻，即可生成相应的视频效果，如图 3-20 所示，将鼠标移至视频画面上，即可自动播放 AI 视频效果。

图 3-20 生成相应的视频效果

3.2.4 使用流畅模式

扫码
看视频

流畅模式侧重于提升视频的播放流畅度，即梦 AI 会通过优化视频的编码方式、降低帧率或采用其他技术手段，减少视频播放时的卡顿和延迟。在即梦 AI 中，使用流畅模式生成的视频效果如图 3-21 所示。

下面介绍在即梦 AI 中使用流畅模式的操作方法。

STEP 01 进入"视频生成"页面，切换至"文本生视频"选项卡，输入相应的提示词，用于指导 AI 生成特定的视频，如图 3-22 所示。

图 3-21　效果欣赏

STEP 02 单击"随机运镜"按钮，在弹出的"运镜控制"面板中，单击"变焦"右侧的 🔍 按钮，如图 3-23 所示，单击"应用"按钮，使镜头逐渐远离拍摄对象。

图 3-22　输入相应的提示词　　　　图 3-23　单击右侧的相应按钮

STEP 03 在下方设置"模式选择"为"流畅模式"，如图 3-24 所示，提升视频的播放流畅度。

STEP 04 在下方设置"视频比例"为 1 : 1，如图 3-25 所示，指导 AI 生成正方形尺寸的视频画面效果。

图 3-24　设置为"流畅模式"

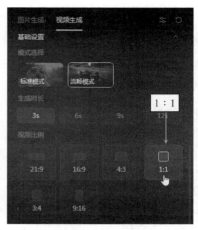

图 3-25　设置"视频比例"为 1：1

STEP 05 单击"生成视频"按钮，即可生成相应的视频效果，如图 3-26 所示。

图 3-26　生成相应的视频效果

3.2.5　设置生成时长

　　在即梦 AI 中，通过预设视频生成时长，用户可以更好地规划创作时间，避免在视频生成过程中耗费过多时间，从而提升整体创作效率。不同的社交媒体平台或应用场景对视频时长有不同的要求，设置视频生成时长可以帮助用户快速生成符合

特定需求的视频内容。图 3-27 所示
为设置"生成时长"为 9 s 后的视频
效果。

下面介绍在即梦 AI 中设置视频
生成时长的操作方法。

STEP 01 进入"视频生成"页面，切换
至"文本生视频"选项卡，输入相应
的提示词，用于指导 AI 生成特定的
视频，如图 3-28 所示。

STEP 02 在下方设置"生成时长"为 9 s，
表示生成 9 s 的视频效果，如图 3-29
所示，单击"生成视频"按钮，即可
生成相应的视频效果。

图 3-27　效果欣赏

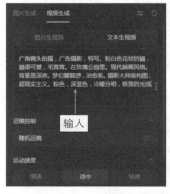

图 3-28　输入相应的提示词

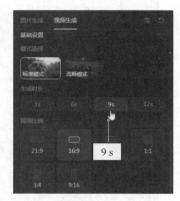

图 3-29　设置"生成时长"为 9 s

3.3　文生视频的高级功能

在即梦 AI 中，使用"文本生视频"技术完成短视频的创作后，接下来可以使用
即梦 AI 中的高级功能对短视频进行相应处理，例如延时视频时长、生成对口型视
频、对视频进行补帧处理，以及提升视频分辨率等，使制作的视频更加符合用户的
需求。

3.3.1　延长视频时长

扫　码
看视频

在即梦 AI 平台中，如果用户需要延长视频的时间，需要订阅即梦 AI 会员，才能享受更多权益，从而可以将视频的时间延长 3 s、6 s、9 s 等，效果如图 3-30 所示。

扫码
看效果

图 3-30　效果欣赏

下面介绍在即梦 AI 中延长视频时长的操作方法。

STEP 01　进入"视频生成"页面，切换至"文本生视频"选项卡，输入相应的提示词，用于指导 AI 生成特定的视频，如图 3-31 所示。

STEP 02　在下方设置"视频比例"为 4∶3，设置视频尺寸，单击"生成视频"按钮，即可生成一段相应的小猫动物视频，单击视频效果下方的"视频延长"按钮■，如图 3-32 所示。

图 3-31　输入相应的提示词

图 3-32　单击"视频延长"按钮

STEP 03　弹出"视频延长"对话框，在其中设置"延长秒数"为 6 s，表示将视频的时间延长 6 s，如图 3-33 所示，单击"立即生成"按钮。

STEP 04　稍等片刻，待视频生成后，将鼠标移至视频效果上，即可预览 9 s 的视频效果，如图 3-34 所示。

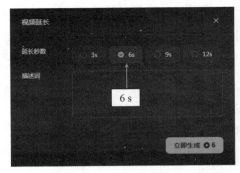

图 3-33　设置"延长秒数"为 6 s　　　　图 3-34　预览 9 s 的视频效果

3.3.2　生成对口型视频

扫　码
看视频

生成对口型视频是即梦 AI 的一大亮点，该功能利用 AI 技术将音频与人物的口型完美同步，创造出既真实又具有吸引力的视频内容，效果如图 3-35 所示。

图 3-35　效果欣赏

提示

在即梦 AI 中使用对口型功能生成视频效果时，用户首先需要选择一个适合的虚拟角色或预设的人物模型，这些角色通常具备可动的口型和面部表情。然后在即梦 AI 页面中输入相应文本内容，并选择朗读音色，之后即梦 AI 的对口型功能会帮助用户将音频与角色的口型进行对齐。

下面介绍在即梦 AI 中生成对口型视频的操作方法。

STEP 01 进入"视频生成"页面，通过图片生视频的方式制作视频，在文本框中输入相应的提示词，用于指导 AI 生成特定的视频，如图 3-36 所示。

STEP 02 在下方设置"生成时长"为 6 s，单击"生成视频"按钮，生成一段 6 s 的 AI 人像视频，单击视频效果下方的"对口型"按钮 ⬭，如图 3-37 所示。

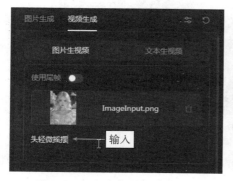

图 3-36　输入相应的提示词

图 3-37　单击"对口型"按钮

STEP 03 进入"AI 对口型"页面，在"文本朗读"文本框中输入相应的文本内容，如图 3-38 所示。

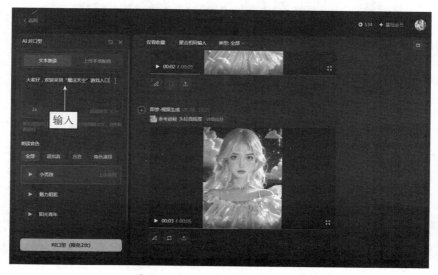

图 3-38　输入相应的文本内容

STEP 04 在"朗读音色"选项区中，选择"魅力女友"音色效果，如图 3-39 所示。

图 3-39　选择"魅力女友"音色效果

STEP 05 单击"对口型"按钮，即可为视频中的人物生成相应的音色，语音与人物的口型匹配，视频长度会随着配音的长度自动调整，重新生成视频，效果如图 3-40 所示。

图 3-40　为视频中的人物生成相应的音色

提示

　　在即梦 AI 中使用"对口型"功能时，在选择朗读音色的过程中，用户可以实时试听所选择的朗读音色，这有助于快速调整和优化，直到达到令用户满意的效果。

3.3.3 对视频进行补帧处理

扫 码
看视频

"补帧"功能是一种视频处理技术，它可以改善视频播放的流畅度和视觉效果。这项技术通过在原始视频帧之间插入额外的帧来提高视频的帧率（Frames Per Second，每秒显示的帧数），以提升视频的质量，增强用户的观看体验，效果如图3-41所示。

下面介绍在即梦AI中对视频进行补帧处理的操作方法。

STEP 01 通过相应的提示词，生成一段美食短视频，在视频效果的下方，单击"补帧"按钮 ，如图3-42所示。

图 3-41　效果欣赏

图 3-42　单击"补帧"按钮

STEP 02 弹出"视频补帧"对话框，选中30 FPS单选按钮，是指视频每秒播放30帧，使视频的播放效果更加流畅，单击"立即生成"按钮，如图3-43所示。

STEP 03 执行操作后，即可重新生成一段30 FPS的视频效果，如图3-44所示，将鼠标移至视频画面上，即可自动播放 AI 视频效果。

重新生成

图 3-43 单击"立即生成"按钮 　　图 3-44 重新生成一段视频效果

3.3.4 提升视频分辨率

在即梦 AI 中生成的视频效果下方，有一个"提升分辨率"的功能，它允许用户将视频的分辨率提高到比原始视频更高的水平，效果如图 3-45 所示。

扫码
看效果

图 3-45 效果欣赏

下面介绍在即梦 AI 中提升视频分辨率的操作方法。

STEP 01 通过相应的提示词，生成一段云海风光短视频，在生成的视频效果下方，单击"提升分辨率"按钮 **HD**，如图 3-46 所示。

STEP 02 稍等片刻，即可生成相应的视频效果，视频左上角位置显示了"高清"字样，如图 3-47 所示，表示已提升视频的分辨率。

图 3-46　单击"提升分辨率"按钮

图 3-47　显示了相关提示内容

提示

　　使用即梦 AI 中的"提升分辨率"功能，可以使用 AI 算法在原始像素之间插入新的像素点来增加视频的分辨率。需要注意的是，虽然"提升分辨率"功能可以改善视频的视觉效果，但它并不会增加视频的实际信息量。也就是说，它不能恢复在原始视频画面中丢失的细节。此外，过度使用此功能可能会导致视频出现不自然的效果。

3.3.5　使用AI配乐

扫　码
看视频

　　AI 配乐是一项创新且实用的功能，它通过智能算法为视频内容自动匹配合适的背景音乐。这一功能不仅简化了视频后期制作中音乐选择的烦琐过程，还能帮助创作者快速实现音乐与视频的和谐统一，从而提升作品的观赏性和专业感，效果如图 3-48 所示。

图 3-48　效果欣赏

提示

　　即梦 AI 的"AI 配乐"功能非常便捷，只需在生成的视频效果下方单击"AI 配乐"按钮🎵，系统便会自动分析视频内容，包括场景、情感、节奏等因素，然后从中选取或生成一段与视频内容相匹配的背景音乐，整个过程无须用户手动搜索和编辑音乐，极大地节省了时间和精力。

　　下面介绍在即梦 AI 中使用 AI 配乐的操作方法。

STEP 01 通过相应的提示词，生成一段雪山风光短视频，在生成的视频效果下方，单击"AI 配乐"按钮🎵，如图 3-49 所示。

STEP 02 弹出"AI 配乐"面板，系统默认选中"根据画面配乐"按钮，是指 AI 将根据画面内容自动配乐，单击"生成 AI 配乐"按钮，如图 3-50 所示。

STEP 03 执行操作后，即可为视频生成 3 段音乐，视频下方显示了"配乐 1""配乐 2"和"配乐 3"选项卡，单击相应的选项卡，将鼠标移至画面上，即可试听视频的背景音乐，如图 3-51 所示。单击视频右上角的"下载"按钮 ⬇️，即可下载自己喜欢的视频。

图 3-49　单击"AI 配乐"按钮

图 3-50　单击"生成 AI 配乐"按钮

图 3-51　试听视频的背景音乐

3.4　本章小结

　　本章详细介绍了即梦 AI 平台的使用，从登录到核心功能概览，再到文生视频的基础与高级设置技巧。通过学习本章内容，读者能够掌握如何运用 AI 技术快速生成高质量的视频，包括运镜控制、速度调节、比例设置等。此外，高级功能如延长视频、对口型生成、补帧处理及 AI 配乐的应用，将进一步提升视频创作效率与效果。本章内容不仅丰富了读者的视频制作技能，也为创意表达提供了更多的可能性。

第 4 章

图生视频
可灵 AI 的应用

在 AI 图生视频的世界里，将静态图像转换为动态视频的艺术正变得容易。随着人工智能技术的飞速发展，我们现在有多种方法来实现这一创造性的转换。本章将带领大家认识可灵 AI，并掌握图生视频的相关技术，帮助大家快速生成满意的视频作品。

4.1 认识可灵AI

可灵 AI 是快手自研的视频生成大模型，能够高效生成高质量视频，支持多种分辨率和帧率，还具备图生视频和视频续写功能。可灵 AI 在视频生成领域展现了强大的技术实力和创新能力，采用了与 Sora 相似的 Diffusion Transformer 架构，以及 3D 时空联合注意力机制等先进技术，这些技术巧妙地融合了时间与空间的信息，能够对视频数据进行综合分析和处理，从而生成更加自然、流畅的视频内容。本节主要介绍可灵 AI 的页面与核心功能，帮助大家轻松高效地使用可灵 AI 完成艺术视频创作。

4.1.1 了解可灵AI页面 扫 码 看视频

可灵 AI 的网页端为用户提供了一个便捷、高效且功能丰富的视频生成平台，用户无须下载和安装任何客户端，即可直接使用各项功能，这极大地提高了创作效率。无论是生成图片还是视频，可灵 AI 都能够提供高质量的内容输出，满足用户的多样化需求。

可灵 AI 页面中各主要功能模块如图 4-1 所示。

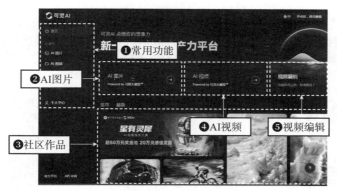

图 4-1　可灵 AI 页面

下面对可灵 AI 页面中的各主要功能进行相关讲解。

❶ 常用功能：在页面左侧的侧边栏中，清晰地列出了可灵 AI 的主要功能，使网页能够以一种有序、结构化的方式展示其内容，帮助用户快速定位到自己想要访问的页面或功能。用户只需选择相应的选项，即可跳转到对应的页面，极大地提高了浏览效率。

❷ AI 图片：使用该功能，用户可以通过输入提示词来生成相应的图片。

❸ 社区作品：该区域主要用来展示平台中其他用户发布的优秀作品，当用户在其中找到了自己喜欢的视频效果后，单击相应作品下方的"一键同款"按钮，即可快速生成与原作品相似的视频效果，这大大节省了用户的时间和精力，提高了创作效率。

❹ AI 视频：使用该功能，用户便可以通过文本生成视频（文生视频）或图片生成视频（图生视频）。可灵 AI 支持 5 s 和 10 s 两种时长的视频生成，但 10 s 高质量视频的生成次数有限，生成的视频在动态性和人物动作一致性方面均表现不错。

❺ 视频编辑：使用该功能，允许用户对视频进行裁剪、拼接、添加特效、调整色彩、添加文字注释等多种操作，以满足不同场景下的视频制作需求。

4.1.2 感受可灵AI的核心功能

 扫 码
看视频

可灵 AI 作为快手大模型团队自研的文本生成视频大模型，其核心功能强大且多样，为视频创作领域带来了革命性的变革。

下面以图解的方式介绍可灵 AI 的 5 个核心功能，如图 4-2 所示。

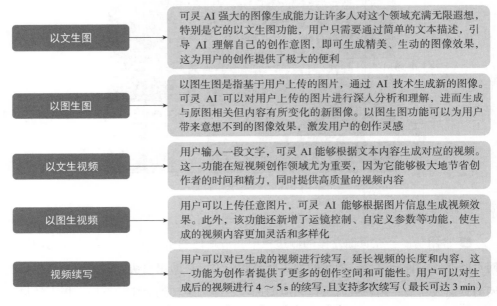

图 4-2　可灵 AI 的 5 个核心功能

4.2 图生视频的3种方式

借助可灵 AI，用户可以点燃自己的 AI 想象力，快速制作出高质量的短视频。在可灵 AI 中，有 3 种图生视频的方式，如单图快速实现图生视频、图文结合实现图生视频、使用尾帧实现图生视频，本节将对这 3 种图生视频的方式进行详细介绍。

4.2.1 单图快速实现图生视频

扫 码
看视频

单图快速实现图生视频是一种高效的 AI 视频生成技术，它允许用户仅通过一张静态图片迅速生成视频内容。这种方法非常适合需要快速制作动态视觉效果的场合，无论是社交媒体的短视频，还是在线广告的快速展示，都能轻松实现。

图 4-3 是根据一张蜗牛图片生成的一个流畅的 AI 视频，视频中蜗牛在青苔上四处张望，画面生动有趣。

图 4-3　效果欣赏

下面介绍通过单图快速实现图生视频的操作方法。

STEP 01 打开可灵 AI 首页，单击"AI 视频"按钮，如图 4-4 所示。

STEP 02 进入"AI 视频"页面，在"图生视频"选项卡中单击上传按钮 ，如图 4-5 所示。

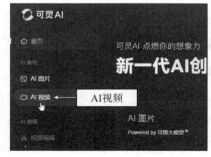

图 4-4　单击"AI 视频"按钮　　图 4-5　单击上传按钮

STEP 03 弹出"打开"对话框，在其中选择相应的图片素材，如图 4-6 所示。

STEP 04 单击"打开"按钮，即可上传图片素材，如图 4-7 所示。

图 4-6 选择相应的图片素材

图 4-7 上传图片素材

STEP 05 单击"立即生成"按钮，AI 开始解析图片内容，并根据图片内容生成动态效果，页面右侧显示了视频生成进度，待视频生成完成后，可以显示视频的画面效果，如图 4-8 所示。

图 4-8 显示了视频的画面效果

4.2.2 图文结合实现图生视频

扫 码
看视频

图文结合实现图生视频是一种更为综合的创作方式，它不仅利用了图像的视觉元素，还结合了文字描述来增强视频的叙事性和表现力。这种方法为用户提供了更大的创作自由度，使他们能够通过文字引导 AI 生成更加丰富和个性化的视频内容，效果如图 4-9 所示。

下面介绍通过图文结合实现图生视频的操作方法。

STEP 01 进入 "AI 视频" 页面，在 "图生视频" 选项卡中单击上传按钮 ⬆，弹出 "打开" 对话框，在其中选择相应的图片素材，如图 4-10 所示。

STEP 02 单击 "打开" 按钮，即可上传图片素材，在 "图片及创意描述" 文本框中输入相应的提示词，如图 4-11 所示，指导 AI 生成特定的视频。

图 4-9　效果展示

图 4-10　选择相应的图片素材

图 4-11　输入相应的提示词

STEP 03 单击 "立即生成" 按钮，此时 AI 开始解析图片内容与提示词描述，并生成相应的动态视频效果，如图 4-12 所示。

图 4-12　生成相应的动态视频效果

4.2.3　使用尾帧实现图生视频

可灵 AI 中增加了首帧和尾帧功能，是其在视频生成领域中的一项重要创新，为用户提供了更高的创作自由度和个性化定制能力。该功能允许用户在生成动画场景视频时，通过上传或指定特定的起始画面（首帧）和结束画面（尾帧），来控制视频的开头和结尾。这一功能极大地增强了视频内容的连贯性和创意性，使用户能够根据自己的需求，创作出更加符合个人风格或故事情节的视频作品，效果如图 4-13 所示。

下面介绍使用尾帧实现图生视频的操作方法。

图 4-13　效果欣赏

STEP 01 进入"AI 视频"页面，在"图生视频"选项卡中打开"增加尾帧"功能 ，如图 4-14 所示。

STEP 02 在页面中上传首帧和尾帧图片，用于指导 AI 生成特定的视频，如图 4-15 所示。单击"立即生成"按钮，即可生成相应的视频效果。

图 4-14　打开"增加尾帧"功能

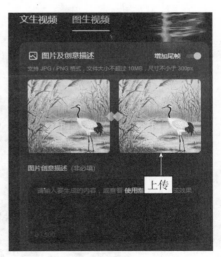

图 4-15　上传首帧和尾帧图片

4.3 设置视频的生成信息

在可灵 AI 中借助"图生视频"功能生成视频时，用户可以对视频的生成信息进行设置，包括设置视频的质量、时长以及内容等，以提升视频的逼真度和观赏性。

4.3.1 设置视频质量

扫　码
看视频

在可灵 AI 中，提供了"高性能"和"高表现"两种视频质量设置，这是为了满足不同用户在不同场景下的需求，实现灵活且高效的视频处理与播放体验，这两种设置各有其特点和适用场景。图 4-16 所示为使用"高表现"生成的视频效果。

下面介绍设置视频质量的操作方法。

STEP 01 在可灵 AI 中，上传一张图片素材，并输入相应的提示词，指导 AI 生成特定的视频，如图 4-17 所示。

扫码
看效果

图 4-16　效果欣赏

STEP 02 在下方"参数设置"面板中，设置"生成模式"为"高表现"，以提升视频的生成质量，使视频画面的细节更丰富，如图 4-18 所示。

图 4-17　输入相应的提示词

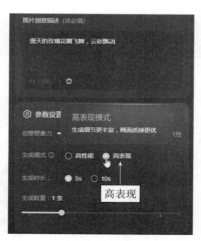

图 4-18　设置"生成模式"为"高表现"

> **提示**
>
> 　　在可灵 AI 中，高表现模式注重于提升视频的质量和观感体验，它采用更高级的编码技术、更高的分辨率、更丰富的色彩深度以及更精细的图像处理算法，呈现出更加清晰、细腻、逼真的视频画面效果。
>
> 　　高表现模式适用于需要高质量视频输出的场景，如影视后期制作、广告宣传、在线教育（特别是需要展示细节的教学内容）、高清视频播放平台等。在这些场景中，用户对视频画面的质量有着较高的要求，愿意为了获得更好的视觉体验而牺牲一些处理速度或增加一些资源消耗。

STEP 03 单击"立即生成"按钮，即可生成高质量的视频效果，如图 4-19 所示。

图 4-19　生成高质量的视频效果

4.3.2　设置视频时长

扫　码
看视频

　　在可灵 AI 中，设置视频时长是一个关键且灵活的功能，它允许用户根据自己的需求定制视频的播放时间，包括 5 s 和 10 s 的视频时长，使用户能够轻松生成出满意的视频时长。图 4-20 所示为生成的 10 s 视频效果。

　　下面介绍设置视频时长的操作方法。

图 4-20　效果欣赏

STEP 01 在可灵 AI 中，上传一张图片素材，并输入相应的提示词，指导 AI 生成特定的视频，如图 4-21 所示。

STEP 02 在下方"参数设置"面板中，设置"生成时长"为 10 s，如图 4-22 所示。单击"立即生成"按钮，即可生成 10 s 的视频效果。

图 4-21　输入相应的提示词

图 4-22　设置"生成时长"为 10 s

提示

在设置视频时长时，建议用户根据视频内容的复杂性和信息量来合理安排，过长的视频可能导致观众失去耐心，而过短的视频则可能无法充分表达意图。

4.3.3　设置不希望呈现的内容

扫　码
看视频

使用可灵 AI 的"图生视频"功能生成视频时，用户可以通过提示词设置不希望呈现的视频内容。图 4-23 所示为在画面中不呈现"动物"元素的视频效果。

下面介绍设置不希望呈现的内容的操作方法。

STEP 01 在可灵 AI 中，上传一张图片素材，并输入相应的提示词，指导 AI 生成特定的视频，如图 4-24 所示。

STEP 02 在"不希望呈现的内容"文本框中，输入相应的提示词，指定视频中不希望

图 4-23　效果欣赏

呈现的内容，如图 4-25 所示。单击"立即生成"按钮，即可生成相应的视频效果。

图 4-24　输入相应的提示词（1）

图 4-25　输入相应的提示词（2）

4.4　视频的调整和处理

在可灵 AI 中生成视频之后，用户可以进行相关的调整和处理，获得更满意的视频效果。本节主要介绍可灵 AI 的视频调整和处理技巧。

4.4.1　收藏视频

扫　码
看视频

在可灵 AI 中，对于生成效果比较好的视频，用户可以将其收藏起来，方便以后查找与调用，具体操作步骤如下。

STEP 01 进入"图生视频"页面，单击对应视频下方的收藏按钮☆，如图 4-26 所示。

STEP 02 执行操作后，此时☆按钮变成按钮，说明视频收藏成功，如图 4-27 所示。

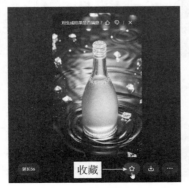
图 4-26　单击收藏按钮

图 4-27　视频收藏成功

4.4.2 下载视频

扫 码
看视频

在可灵 AI 中，用户可根据
需要对生成的视频效果进行下载
操作。方法很简单，在生成的视
频预览图下方，单击下载按钮
![下载图标]，在弹出的列表框中选择"无
水印下载"选项，如图 4-28 所
示，执行操作后，即可下载视频
效果。

图 4-28　选择"无水印下载"选项

提示

在可灵 AI 网页版中，只有开通了会员的用户，才能选择下载无水印视频。而可
灵手机版中，无法下载无水印视频，只能使用系统默认的方式下载有水印的视频。

4.4.3 再次生成视频

扫 码
看视频

在可灵 AI 中，当用户通过图片生成相应的视频效果后，如果用户对视频效果不
满意，此时可以通过"立即生成"按钮，再次生成相应的视频内容，该按钮可以快
速让 AI 根据用户上一次上传的图片素材进行视频创作，效果如图 4-29 所示。

图 4-29　效果欣赏

下面介绍再次生成同类型视频的操作方法。

STEP 01 在可灵 AI 中，上传一张图片素材，如图 4-30 所示。

STEP 02 输入相应的提示词，指导 AI 生成特定的视频，单击"立即生成"按钮，如图 4-31 所示。

图 4-30　上传一张图片素材　　　图 4-31　单击"立即生成"按钮

STEP 03 执行操作后，即可生成相应的视频效果，如图 4-32 所示。

图 4-32　生成相应的视频效果

STEP 04 在页面左下角位置再次单击"立即生成"按钮，即可使用相同的图片素材和参数信息，重新生成一条视频。

> **提示**
>
> 　　在 AI 视频的创作和编辑过程中，我们时常会遇到需要对现有视频进行重新制作或调整的情况。无论是为了改进视频质量、修正错误，还是为了尝试新的创意方向，再次生成视频都成为一个不可或缺的过程。

4.4.4　对视频内容进行续写

扫　码
看视频

　　除了初始生成的视频时长外，可灵 AI 还提供了视频续写功能，用户可以对已生成的视频进行延长。每次续写可以延长一定的时间（如 5 s），并且支持多次续写，最长可将视频延长至约 3 min，这一功能极大地增加了视频创作的灵活性和深度，效果如图 4-33 所示。

扫码
看效果

　　下面介绍对视频内容进行续写的操作方法。

STEP 01 在可灵 AI 中上传一张图

图 4-33　效果欣赏

片素材，并输入相应的提示词，指导 AI 生成特定的视频，如图 4-34 所示。

STEP 02 在"参数设置"面板中，设置"生成模式"为"高性能"，单击"立即生成"按钮，如图 4-35 所示。

图 4-34　输入相应的提示词

图 4-35　单击"立即生成"按钮

STEP 03 执行操作后，即可生成一段相应的视频效果，单击视频效果左下方的"延长 5 s"按钮，在弹出的列表框中选择"自动延长"选项，如图 4-36 所示。

STEP 04 执行操作后，即可自动延长视频的时间，对视频内容进行续写，将鼠标移至视频画面上，即可自动播放 AI 视频效果，如图 4-37 所示。

图 4-36   选择"自动延长"选项

图 4-37   自动播放 AI 视频效果

提示

如果用户需要延长的视频是通过高表现模式生成的，那么使用"自动延长"功能延长视频时，需要消耗 35 灵感值，因为高表现生成视频时也需要 35 灵感值。

4.5   本章小结

本章主要介绍了可灵 AI 的操作页面与 5 大核心功能，并深入探讨了图生视频的 3 种创新方法。通过学习本章内容，读者将掌握如何灵活设置视频生成参数，以及视频的调整与处理技术。这不仅提升了视频创作的效率与个性化，还激发了无限的创意可能，使读者能够轻松驾驭可灵 AI，创作出精彩纷呈的视频作品。

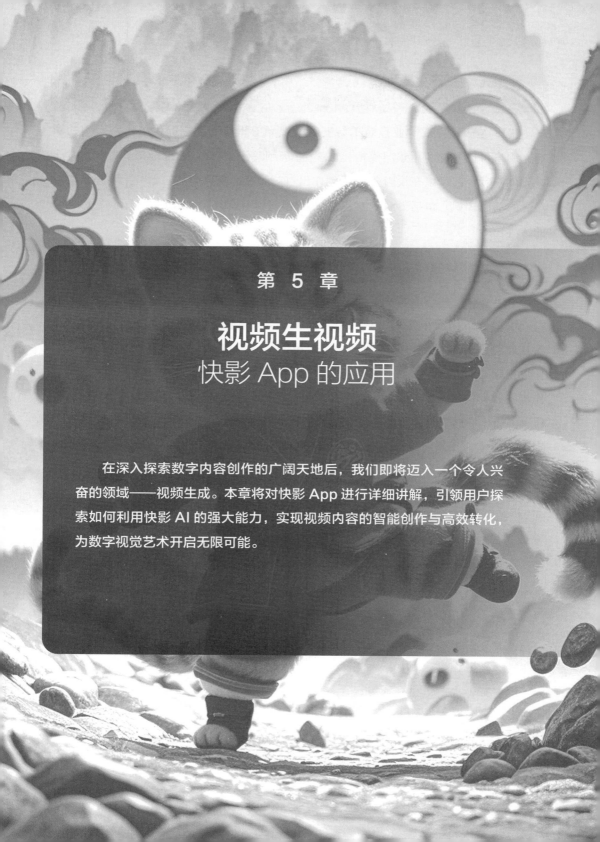

第 5 章

视频生视频
快影 App 的应用

在深入探索数字内容创作的广阔天地后，我们即将迈入一个令人兴奋的领域——视频生成。本章将对快影 App 进行详细讲解，引领用户探索如何利用快影 AI 的强大能力，实现视频内容的智能创作与高效转化，为数字视觉艺术开启无限可能。

5.1 认识快影App

快影 App 是一款专业且简单易上手的视频剪辑应用，它提供了丰富实用的功能，用户可以一键套用热门模板，快速生成专业级短视频。无论是初学者还是专业视频创作者，都可以在快影 App 中创作出自己满意的视频作品。本节主要介绍快影 App 的基础知识，包括下载与安装快影 App、认识快影 App 界面以及了解快影 App 的核心功能。

5.1.1 下载与安装快影App

扫 码
看视频

快影 App 因简单实用、功能丰富而备受好评，是短视频创作者不可多得的得力助手。使用快影 App 创作短视频之前，首先需要下载与安装快影 App，具体操作步骤如下。

STEP 01 打开手机中的应用商店，点击搜索栏，在搜索文本框中输入"快影"，点击"搜索"按钮，即可搜索到快影 App，点击 App 右侧的"安装"按钮，如图 5-1 所示。

STEP 02 执行操作后，即可开始下载并自动安装快影 App，安装完成后，App 右侧显示了"打开"按钮，如图 5-2 所示。

图 5-1 点击"安装"按钮

提示

快影 App 是由北京快手科技有限公司开发的一款视频剪辑应用，它提供了一系列专业且易于上手的视频编辑功能，让用户能够轻松创作出高质量的视频，这款应用特别适合创作搞笑段子、游戏和美食等类型的视频。

快影 App 的主要功能包括视频剪辑、特效与滤镜、音乐和音效库、文字与字幕、封面设计、一键分享等，它还提供了海量的模板，用户可以根据自己的风格，快速创作出流行的短视频。此外，快影 App 还内置了 AI 功能，如 AI 视频动漫、AI 文生图、AI 绘画等，为用户提供更多创意可能性。

STEP 03 点击"打开"按钮，进入快影 App 界面，弹出"用户协议及隐私政策"面板，仔细阅读许可协议内容后，点击"同意并进入"按钮，如图 5-3 所示。

STEP 04 进入"剪同款"界面，点击下方"我的"标签，如图 5-4 所示。

图 5-2　显示了"打开"按钮

图 5-3　点击"同意并进入"按钮

图 5-4　点击下方"我的"标签

STEP 05 进入"我的"界面，选中底部的"登录即表示已阅读并同意《用户协议》和《隐私政策》"单选按钮，如果用户注册了快手 App 账号，则可以使用快手账号登录快影，这里点击"使用快手登录"按钮，如图 5-5 所示。

STEP 06 进入"快手授权"界面，点击"允许"按钮，如图 5-6 所示。

STEP 07 执行了上述操作后，即使用快手账号登录了快影 App，此时会显示个人相关信息，如图 5-7 所示。

图 5-5　点击相应按钮

图 5-6　点击"允许"按钮

图 5-7　显示相关个人信息

> **提示**
>
> 　　快影App的创作中心为创作者提供了丰富的创作灵感和运营指导，可帮助创作者们提升内容质量和账号影响力。同时，快影App还拥有一个强大的素材库，包括贴纸、滤镜、画面特效等，让创作者们的视频更加丰富多彩。

5.1.2　认识快影App的界面

扫　码
看视频

　　快影App的界面设计简洁明了，用户可以快速上手并找到所需功能。下面介绍快影App的"剪同款"界面，该界面是创作短视频的核心界面，如图5-8所示。

　　在"剪同款"界面中，各主要选项含义如下。

　　❶ 搜索框：当用户想要尝试某个特定的视频效果或风格，但不知道具体如何操作时，搜索框允许用户直接输入关键词进行搜索，从而快速找到相关的教程、模板或功能说明，这极大地提升了视频编辑的效率。

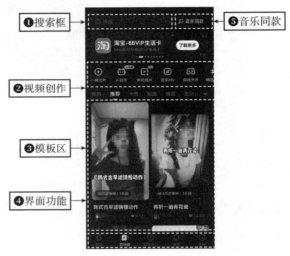

图 5-8　"剪同款"界面

　　❷ 视频创作：该区域中有许多视频创作功能，如一键出片、AI创作、营销成片、音乐MV、游戏大片等，覆盖了从快速成片到专业创作、从个人娱乐到商业营销等多种需求，为用户提供了全面、便捷的视频创作体验。

　　❸ 模板区：该区域中展示了多个不同风格和主题的模板供用户选择，用户可以根据自己的需求和喜好，浏览并选择一个合适的模板。

　　❹ 界面功能：界面底部有一排标签，包含了快影App的常用功能，如"剪辑""剪同款""创作中心""消息""我的"，单击相应标签，即可进入相应界面进行操作。

　　❺ 音乐同款：通过该功能，用户可以轻松将快手视频同款音乐模板融入自己的视频中，从而丰富视频内容，增加视频的吸引力和观赏性。

> **提示**
>
> 　　在"剪同款"界面中，汇集了众多由专业设计师预先设计好的视频模板，这些模板包含了丰富的布局、动画、过渡效果以及字体样式和配色方案。用户无须从零开始创建视频，只需选择合适的模板，并上传自己的视频素材或图片，即可快速生成具有专业水准的视频作品。

5.1.3　了解快影App的核心功能

扫　码
看视频

　　快影 App 的核心功能主要集中在视频剪辑和创作上，包括视频剪辑、转场效果、滤镜和美颜、音乐和音效、字幕和贴纸以及 AI 功能等，这些功能共同构成了快影 App 的核心竞争力，使其成为视频创作者喜爱的工具之一。快影 App 核心功能的相关分析如图 5-9 所示。

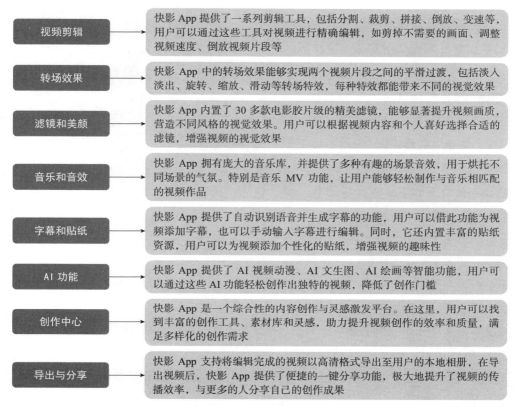

视频剪辑	快影 App 提供了一系列剪辑工具，包括分割、裁剪、拼接、倒放、变速等，用户可以通过这些工具对视频进行精确编辑，如剪掉不需要的画面、调整视频速度、倒放视频片段等
转场效果	快影 App 中的转场效果能够实现两个视频片段之间的平滑过渡，包括淡入淡出、旋转、缩放、滑动等转场特效，每种特效都能带来不同的视觉效果
滤镜和美颜	快影 App 内置了 30 多款电影胶片级的精美滤镜，能够显著提升视频画质，营造不同风格的视觉效果。用户可以根据视频内容和个人喜好选择合适的滤镜，增强视频的视觉效果
音乐和音效	快影 App 拥有庞大的音乐库，并提供了多种有趣的场景音效，用于烘托不同场景的气氛。特别是音乐 MV 功能，让用户能够轻松制作与音乐相匹配的视频作品
字幕和贴纸	快影 App 提供了自动识别语音并生成字幕的功能，用户可以借此功能为视频添加字幕，也可以手动输入字幕进行编辑。同时，它还内置丰富的贴纸资源，用户可以为视频添加个性化的贴纸，增强视频的趣味性
AI 功能	快影 App 提供了 AI 视频动漫、AI 文生图、AI 绘画等智能功能，用户可以通过这些 AI 功能轻松创作出独特的视频，降低了创作门槛
创作中心	快影 App 是一个综合性的内容创作与灵感激发平台。在这里，用户可以找到丰富的创作工具、素材库和灵感，助力提升视频创作的效率和质量，满足多样化的创作需求
导出与分享	快影 App 支持将编辑完成的视频以高清格式导出至用户的本地相册，在导出视频后，快影 App 提供了便捷的一键分享功能，极大地提升了视频的传播效率，与更多的人分享自己的创作成果

图 5-9　快影 App 的核心功能

5.2   快影App的视频生视频功能

快影的视频生视频功能，特别是 AI 生视频技术，借助先进的算法和模型，能够自动生成高质量的视频内容。这一功能不仅简化了视频创作的流程，还极大地拓宽了创作的可能性，即使是非专业用户也能轻松创作出令人惊艳的视频作品。本节将详细介绍快影 App 中视频生视频的应用技巧，提高创作效率。

5.2.1   剪同款

扫　码
看视频

在快影 App 的"剪同款"界面中为用户提供了大量的模板，用户可以从中选择合适的模板，创作出符合自身需求的短视频，如图 5-10 所示。

在快影 App 中，用户要想借助"剪同款"功能创作出类似的短视频效果，需要先选择想要的同款模板，下面介绍具体的操作方法。

扫码
看效果

STEP 01 打开快影 App，点击"剪同款"按钮，进入"剪同款"界面，点击上方的搜索框，如图 5-11所示。

STEP 02 在搜索框中输入模板的名称，点击"搜索"按钮，如图 5-12所示，搜索相应模板。

图 5-10　效果欣赏

STEP 03 搜索到相应的模板后，点击对应的模板，如图 5-13 所示。

STEP 04 进入模板预览界面，查看短视频模板效果，若是满足需求，则点击"制作同款"按钮，如图 5-14 所示。

STEP 05 进入"相册"界面，在该界面中选择需要上传的视频素材，点击"选好了"按钮，如图 5-15 所示。

STEP 06 执行操作后，即可使用上传的素材制作同款短视频，并预览制作的短视频效果，短视频制作完成后，点击"做好了"按钮，如图 5-16 所示。

图 5-11　点击　　　　图 5-12　点击　　　　图 5-13　点击　　　　图 5-14　点击
上方的搜索框　　　　"搜索"按钮　　　　对应的模板　　　　"制作同款"按钮

STEP 07 弹出"导出选项"面板，点击该面板中的 ↓ 按钮，如图 5-17 所示，即可导出制作完成的同款视频。

图 5-15　点击　　　　　　图 5-16　点击　　　　　　图 5-17　点击
"选好了"按钮　　　　　　"做好了"按钮　　　　　　下载按钮

5.2.2　一键出片

扫　码
看视频

快影 App 的"一键出片"功能类似于剪映 App 的"一键成片"功能，都是上传素材之后，让 App 根据素材来生成 AI 短视频。使用快影 App 的"一键出片"功能制作的短视频效果，如图 5-18 所示。

下面介绍在快影 App 中使用"一键出片"功能制作视频效果的操作方法。

STEP 01 打开快影 App，进入"剪同款"界面，点击"一键出片"按钮，如图 5-19 所示，使用"一键出片"功能制作短视频。

图 5-18　效果欣赏

STEP 02 进入"相册"界面，在该界面中选择需要上传的视频素材，点击"一键出片"按钮，如图 5-20 所示。

STEP 03 稍等片刻，即可将所选的视频素材导入快影 App 中，并使用"一键出片"功能生成一条短视频，如图 5-21 所示。

图 5-19　点击"一　　　　图 5-20　点击"一　　　　图 5-21　生成一条
键出片"按钮（1）　　　　键出片"按钮（2）　　　　　短视频

STEP 04 在短视频预览界面中，选择合适的视频模板，如图 5-22 所示，即可使用所选的模板重新生成一条短视频。

STEP 05 点击短视频预览界面右上方的"做好了"按钮，弹出"导出选项"面板，点击该面板中的↓按钮，如图 5-23 所示。

STEP 06 执行操作后，即可导出制作完成的视频效果，如图 5-24 所示。

图 5-22　选择合适的模板

图 5-23　点击相应按钮

图 5-24　导出视频效果

5.2.3　营销成片

扫　码
看视频

　　快影 App 中的"营销成片"功能是一款专为营销人员设计的视频制作工具，它提供了丰富的营销视频模板，涵盖广告、产品介绍、活动宣传等场景，用户可一键套用，快速生成专业视频。该功能支持智能剪辑，能自动匹配音乐节奏，增强视频的动感与吸引力。使用"营销成片"功能制作的视频效果如图 5-25 所示。

扫码
看效果

图 5-25　效果欣赏

　　下面介绍使用"营销成片"功能制作视频效果的操作方法。

STEP 01 打开快影 App，进入"剪同款"界面，点击"营销成片"按钮，如图 5-26 所示，使用"营销成片"功能制作短视频。

STEP 02 进入"营销成片"界面，点击"素材成片"下方的"去使用"按钮，如图 5-27 所示。

STEP 03 进入"素材成片"界面，点击"添加素材"下方的加号按钮⊕，如图5-28所示。

STEP 04 进入"相册"界面，在其中依次选择3段视频素材，点击"完成"按钮，如图5-29所示。

   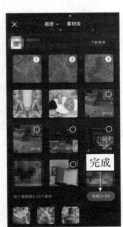

图5-26 点击"营销成片"按钮　　图5-27 点击"去使用"按钮　　图5-28 点击下方的加号按钮　　图5-29 点击"完成"按钮

STEP 05 返回"素材成片"界面，其中显示了上传的3段视频素材，如图5-30所示。

STEP 06 在界面中，设置"产品名称"为"月饼"，如图5-31所示。

STEP 07 在下方设置"所属行业"为"生活服务"，"所属二级行业"为"餐饮服务"，设置产品的行业类型，如图5-32所示。

STEP 08 在"产品特点"下方的文本框中，输入产品的特点信息，用于生成营销文案，如图5-33所示。

STEP 09 设置完成后，点击"生成视频"按钮，进入"处理记录"界面，其中显示了视频生成进度，如图5-34所示。

STEP 10 稍等片刻，待视频生成完成后，界面中提示"已完成"字样，点击右侧的"预览"按钮，如图5-35所示。

STEP 11 进入预览界面，快影App利用AI为用户生成了两个营销视频，点击相应的视频，可以预览生成的营销视频效果，如图5-36所示。

STEP 12 点击界面右上角的"做好了"按钮，弹出"导出选择"面板，点击该面板中的⬇按钮，如图5-37所示，即可导出制作完成的营销视频。

图 5-30　显示了上传的视频

图 5-31　设置产品名称

图 5-32　设置产品的行业类型

图 5-33　输入产品的特点信息

图 5-34　显示了视频生成进度

图 5-35　点击"预览"按钮

图 5-36　预览视频效果

图 5-37　点击相应按钮

5.2.4　音乐MV

扫　码
看视频

快影 App 中的"音乐 MV"功能是一个便捷的视频创作工具，专为喜欢制作音乐视频的用户设计。用户可通过该功能轻松导入视频素材，并选择或搜索合适的背景音乐，快速生成具有节奏感和视觉效果的 MV，效果如图 5-38 所示。

下面介绍使用"音乐MV"功能制作视频效果的操作方法。

STEP 01 打开快影App，进入"剪同款"界面，点击"音乐MV"按钮，如图5-39所示，使用"音乐MV"功能制作短视频。

STEP 02 进入音乐MV界面，在下方"时尚"面板中选择一个自己喜欢的音乐MV模板，如图5-40所示。

图 5-38　效果欣赏

图 5-39　点击"音乐MV"按钮

图 5-40　选择音乐MV模板

STEP 03 点击"导入素材 生成MV"按钮，进入"相机胶卷"界面，在"视频"选项卡中选择4段视频素材，点击"完成"按钮，如图5-41所示。

STEP 04 执行操作后，进入音乐MV预览界面，在"音乐"面板中选择一首自己喜欢的音乐，如图5-42所示。

STEP 05 点击"做好了"按钮，弹出"导出选项"面板，点击该面板中的⬇按钮，如图5-43所示，即可导出制作完成的音乐MV视频。

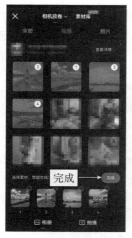

图 5-41　点击"完成"按钮　　图 5-42　选择一首音乐　　图 5-43　点击相应按钮

> **提示**
>
> 　　"音乐 MV"功能支持多种模板和特效，让非专业用户也能制作出高质量的音乐视频。同时，快影 App 还提供了丰富的音乐编辑工具，可以满足用户个性化的创作需求。

5.2.5　游戏大片

扫　码
看视频

　　快影 App 中的"游戏大片"功能是一项专为游戏爱好者设计的视频编辑工具。它允许用户将游戏录制视频快速转化为专业级别的游戏大片，通过内置的丰富特效、滤镜和剪辑模板，让游戏视频更具视觉冲击力和观赏性，效果如图 5-44 所示。

　　下面介绍使用"游戏大片"功能制作视频效果的操作方法。

STEP 01 打开快影 App，进入"剪同款"界面，点击"游

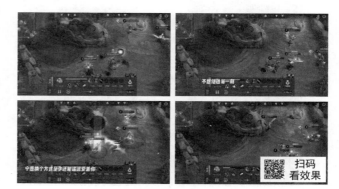

图 5-44　效果欣赏

戏大片"按钮，如图 5-45 所示，使用"游戏大片"功能制作游戏短视频。

STEP 02 执行操作后，进入"相机胶卷"界面，在其中选择一段录制的游戏视频素材，点击"生成大片"按钮，如图 5-46 所示。

图 5-45　点击"游戏大片"按钮　　　图 5-46　点击"生成大片"按钮

STEP 03 执行操作后，进入视频预览界面，如图 5-47 所示，在"热门推荐"模板中，显示了多个游戏视频模板。

STEP 04 选择相应的视频模板，如图 5-48 所示，即可将模板应用到游戏视频中。

STEP 05 点击"做好了"按钮，弹出"导出选项"面板，点击该面板中的↓按钮，如图 5-49 所示，即可导出制作完成的游戏大片。

图 5-47　进入视频预览界面　　图 5-48　选择视频模板　　图 5-49　点击"下载"按钮

5.2.6　AI动漫

　　快影 App 中的"AI 动漫"功能是一款创新性的智能创作工具，用户只需上传
实拍视频，该功能便能将其转化为动漫
风格的视频，让用户化身为二次元主角。
该功能提供多种风格效果，如国潮风、
漫画风等，并支持海量模板玩法和转场
特效，使创意内容更具生命力，效果如
图 5-50 所示。

　　下面介绍使用"AI 动漫"功能制作
视频效果的操作方法。

STEP 01 打开快影 App，进入"剪同款"界

图 5-50　效果欣赏

面，点击"AI 创作"按钮，进入"AI 创作"界面，点击"AI 动漫"选项区中的"立
即体验"按钮，如图 5-51 所示，启用"AI 动漫"功能。

STEP 02 弹出相应面板，点击"生成 10 秒动漫视频"按钮，如图 5-52 所示，进行 AI
动漫视频的生成。

STEP 03 进入"相册"界面，在该界面中选择一段人像视频素材，点击"选好了"按钮，
如图 5-53 所示，上传视频素材。

图 5-51　点击"立　　　　图 5-52　点击相应　　　　图 5-53　点击"选
即体验"按钮　　　　　　　　按钮　　　　　　　　好了"按钮

STEP 04 执行操作后，进入"处理记录"界面，其中显示了 AI 动漫视频的生成进度，如图 5-54 所示。

STEP 05 待视频生成完成后，点击视频右侧的"预览"按钮，如图 5-55 所示。

STEP 06 执行操作后，进入视频预览界面，预览生成的 AI 动漫视频效果，如图 5-56 所示。

STEP 07 如果用户对生成的 AI 动漫效果不满意，也可以在下方选择其他的模板效果，如图 5-57 所示，重新生成一段 AI 动漫视频。确认无误后，点击下方的 ⬇ 按钮，导出 AI 动漫视频效果。

图 5-54　显示生成 进度　　　图 5-55　点击"预 览"按钮　　　图 5-56　预览视频 效果　　　图 5-57　选择其他 的模板效果

5.2.7　AI 3D运镜

扫　码 看视频

　　快影 App 中的"AI 3D 运镜"功能支持利用人工智能技术自动生成具有 3D 运动效果的视频片段，这一功能不仅简化了复杂的视频后期处理流程，还极大地提升了视频的视觉吸引力和沉浸感。无论是创意短视频、产品展示还是个人 Vlog，都能通过"AI 3D 运镜"功能增添一抹独特的科技魅力，效果如图 5-58 所示。

　　下面介绍使用"AI 3D 运镜"功能制作视频效果的操作方法。

STEP 01 打开快影 App，进入"AI 创作"界面，点击"AI 3D 运镜"选项区中的"立即体验"按钮，如图 5-59 所示，启用"AI 3D 运镜"功能。

图 5-58 效果欣赏

STEP 02 进入"3D运镜玩法指引"界面，其中对该功能的玩法进行了相关讲解，点击"上传视频"按钮，如图 5-60 所示。

STEP 03 进入"相册"界面，在其中选择一段视频素材，如图 5-61 所示。

图 5-59 点击"立
即体验"按钮

图 5-60 点击"上
传视频"按钮

图 5-61 选择一段
视频素材

STEP 04 执行操作后，即可上传视频素材，之后开始生成相应的 3D 运镜效果，界面中显示了生成进度，如图 5-62 所示。

STEP 05 待视频生成完成后，点击视频右侧的"预览"按钮，如图 5-63 所示。

STEP 06 进入视频预览界面，预览生成的 AI 动漫视频效果，如图 5-64 所示。如果用户对生成的 AI 3D 运镜效果不满意，也可以在下方选择其他的模板效果，重新生成一段 AI 3D 运镜视频。确认无误后，点击下方的▼按钮，导出 AI 3D 运镜视频效果。

图 5-62　显示了生成进度　　　　图 5-63　点击"预览"按钮　　　　图 5-64　预览视频效果

5.3　本章小结

本章详细介绍了快影 App 的下载安装、界面布局以及核心功能，并深入探讨了其丰富的视频生成功能，包括剪同款、一键出片、营销成片、音乐 MV、游戏大片、AI 动漫及 AI 3D 运镜等特色。通过学习本章内容，读者能够掌握快影 App 的基本操作与高级视频创作技巧，快速制作出高质量、多样化的视频内容，提升个人创作能力，满足社交分享、营销推广等多种场景需求。

第 6 章

数字人生成
腾讯智影的应用

数字技术的革新重塑了各行各业，我们自然而然地将目光聚焦于一个前沿且充满想象空间的领域——数字人生成。作为这一领域的佼佼者，腾讯智影以其强大的技术实力和广泛的应用场景，正引领着数字人技术的飞速发展。本章将详细介绍腾讯智影在数字人生成方面的创新应用，开启人机交互的新篇章。

6.1 认识腾讯智影

腾讯智影于 2023 年 3 月 30 日正式发布，作为一款云端工具，用户无须下载即可通过计算机中的浏览器进行访问，它支持视频剪辑、素材库、文本配音、数字人播报、自动字幕识别等多种功能，其强大的 AI 能力为创作者提供了高效智能的创作方式。腾讯智影广泛应用于内容创作、教育培训、企业宣传、娱乐互动等多个领域。本节主要介绍登录腾讯智影的方法，并对腾讯智影的界面与核心功能进行详细介绍。

6.1.1 登录腾讯智影账号 扫 码 看视频

在使用腾讯智影制作数字人视频之前，首先需要登录腾讯智影账号，有多种登录操作方式，下面介绍具体的操作方法。

STEP 01 在电脑中打开相应浏览器，输入腾讯智影的官方网址，打开官方网站，单击右上角的"登录"按钮，如图 6-1 所示。

STEP 02 执行操作后，弹出"微信登录"面板，如图 6-2 所示，通过微信"扫一扫"功能，可以扫码登录腾讯智影账号。

图 6-1 单击右上角的"登录"按钮 　　　图 6-2 弹出"微信登录"面板

> **提示**
>
> 用户只有登录腾讯智影后，才能享受腾讯智影提供的云端智能视频创作服务，包括视频剪辑、数字人播报、文本配音等多种功能。

STEP 03 单击"手机号登录"标签，切换至"手机号登录"面板，如图 6-3 所示，在其中可以通过手机号码与验证码等信息登录腾讯智影账号。

STEP 04 单击"QQ登录"标签，切换至"QQ登录"面板，如图6-4所示，在其中可以通过QQ手机版扫码登录腾讯智影账号，还可以点击QQ头像授权登录。

 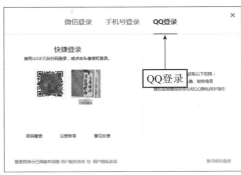

图6-3　切换至"手机号登录"面板　　　　图6-4　切换至"QQ登录"面板

提示

需要用户注意的是，未注册腾讯智影账号的手机号，在"手机号登录"面板中输入手机号与验证码信息后，单击"登录/注册"按钮，将自动注册腾讯智影账号。

STEP 05 在面板中，单击右下角的"账号密码登录"文字链接，弹出"账号密码登录"面板，如图6-5所示，通过腾讯智影账号和密码，可以进行登录操作。

图6-5　弹出"账号密码登录"面板

6.1.2　认识腾讯智影页面

扫　码
看视频

腾讯智影凭借其强大的功能、丰富的应用场景和显著的优势，成为广大用户进行数字人创作的首选工具之一。其操作页面功能丰富、易于使用，设计简洁明了，主要分为 4 个核心区域，如图 6-6 所示。

图 6-6　腾讯智影页面

下面对腾讯智影页面中的核心区域进行相关讲解。

❶ 导航栏：其中包含在线素材、全网热点、我的草稿、我的资源、我的发布以及团队空间等入口，方便用户创作视频作品，进行账户管理等。

❷ 智能小工具：一个集成了多种实用功能的区域，旨在为用户提供便捷的视频创作辅助。该版块中包含视频剪辑、文本配音、格式转换、数字人播报等多种工具，帮助用户在视频制作过程中快速解决各种需求。

❸ 我的草稿：用户在创作视频的过程中，可能会因为各种原因需要暂时中断。此时，"我的草稿"板块允许用户保存当前的创作进度，包括已添加的视频片段、音频、字幕、特效等，确保创作内容不会丢失。随着创作次数的增加，用户可能会积累多个草稿，在"我的草稿"板块中，用户可以清晰地看到所有保存的草稿列表，非常方便进行管理和查找。选择相应的草稿，即可快速回到之前的创作状态，继续进行编辑和调整。

❹ 核心功能：其中显示了腾讯智影的 3 个核心功能，数字人播报、动态漫画以及 AI 绘画，通过直观的图标和文字描述，方便用户快速找到并使用相应功能。

6.1.3　了解数字人播报功能

扫　码
看视频

数字人播报是腾讯智影核心功能之一，用户可以通过输入文本或音频内容，快速生成由虚拟数字人播报的视频。这一功能不仅降低了数字人视频制作的门槛，还极大地提高了创作效率。下面对该功能进行详细介绍，如图 6-7 所示。

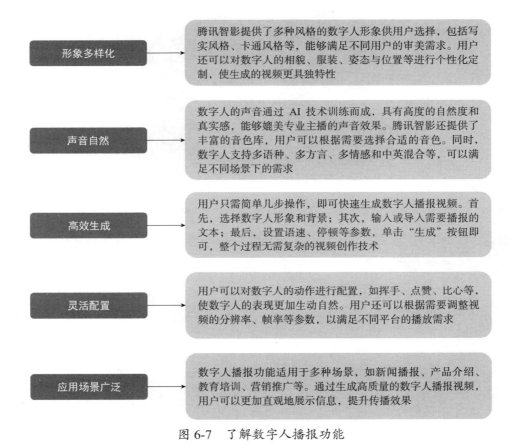

形象多样化　腾讯智影提供了多种风格的数字人形象供用户选择，包括写实风格、卡通风格等，能够满足不同用户的审美需求。用户还可以对数字人的相貌、服装、姿态与位置等进行个性化定制，使生成的视频更具独特性

声音自然　数字人的声音通过 AI 技术训练而成，具有高度的自然度和真实感，能够媲美专业主播的声音效果。腾讯智影还提供了丰富的音色库，用户可以根据需要选择合适的音色。同时，数字人支持多语种、多方言、多情感和中英混合等，可以满足不同场景下的需求

高效生成　用户只需简单几步操作，即可快速生成数字人播报视频。首先，选择数字人形象和背景；其次，输入或导入需要播报的文本；最后，设置语速、停顿等参数，单击"生成"按钮即可，整个过程无需复杂的视频创作技术

灵活配置　用户可以对数字人的动作进行配置，如挥手、点赞、比心等，使数字人的表现更加生动自然。用户还可以根据需要调整视频的分辨率、帧率等参数，以满足不同平台的播放需求

应用场景广泛　数字人播报功能适用于多种场景，如新闻播报、产品介绍、教育培训、营销推广等。通过生成高质量的数字人播报视频，用户可以更加直观地展示信息，提升传播效果

图 6-7　了解数字人播报功能

6.2　生成AI文案与数字人

使用腾讯智影的 AI 功能可以生成数字人的口播文案，然后通过文本来驱动腾讯智影数字人，为数字人注入生动有趣的内容，并让数字人更加符合观众的口味和需求，同时为短视频带货增添无限可能，效果如图 6-8 所示。

本节主要介绍生成 AI 文案与数字人的操作方法，包括使用腾讯智影生成文案、选择合适的数字人模板以及使用文本驱动数字人等内容。

图 6-8　效果展示

6.2.1　选择合适的数字人模板

扫　码
看视频

　　腾讯智影中的数字人模板是视频创作的重要资源，它提供了多样化的选择和个性化定制的可能。这些模板涵盖了不同风格、职业、年龄和性别的数字人形象，从写实到卡通，从新闻主播到教师、客服等，应有尽有。用户可以根据视频内容的需求，选择合适的数字人模板，具体操作方法如下。

STEP 01 进入腾讯智影的"创作空间"页面，在页面上方单击"数字人播报"按钮，如图 6-9 所示。

图 6-9　单击"数字人播报"按钮

STEP 02 执行操作后，进入相应页面，弹出"模板"面板，单击"竖版"标签，切换至"竖版"选项卡，如图 6-10 所示。

图 6-10　切换至"竖版"选项卡

STEP 03 滚动鼠标滚轮，在页面下方选择一个合适的数字人模板，如图 6-11 所示。

STEP 04 单击数字人模板预览图，弹出"助农直播间"面板，预览模板效果，确认无误后单击"应用"按钮，如图 6-12 所示。

STEP 05 执行操作后，即可应用当前模板，如图 6-13 所示。该模板以数字人的形式在"助农直播间"中对农产品进行相关介绍，激发观众的购买欲望。

图 6-11　选择一个合适的数字人模板

图 6-12　单击"应用"按钮

图 6-13　应用当前模板

6.2.2　使用腾讯智影生成文案

扫码
看视频

如果用户对数字人模板中默认的语音播报文案不满意，此时可以使用腾讯智影的 AI 功能重新生成文案，此过程不仅提升了创作效率，还降低了人力成本。生成的文案可根据需求进行调整，确保内容符合期望，具体操作步骤如下。

STEP 01 在页面右侧的"播报内容"选项卡中，输入相应的提示词"助农直播间，年末大促，限 260 字"，指导 AI 生成特定的播报内容，单击"创作文章"按钮，如图 6-14 所示。

图 6-14 单击"创作文章"按钮

STEP 02 执行操作后，即可使用 AI 功能重新生成数字人的语音播报内容，如图 6-15 所示。

图 6-15 重新生成数字人的语音播报内容

6.2.3 使用文本驱动数字人

扫码
看视频

使用腾讯智影的 AI 功能获得满意的文案后，接下来可以使用文本驱动数字人，让文字直接转化为生动逼真的数字人表演，提升观众体验，使信息传递更加高效、直观，为品牌营销、教育培训、娱乐创作等领域带来前所未有的机遇与可能。下面介绍更改数字人的音色，并使用文本驱动数字人的操作方法。

STEP 01 在"播报内容"选项卡的底部，单击选择音色按钮 淑娟 1.1x ，如图 6-16 所示。

图 6-16　单击选择音色按钮

STEP 02 弹出"选择音色"面板，在其中选择一个合适的女声音色，如图 6-17 所示。

图 6-17　选择一个合适的女声音色

STEP 03 单击"确认"按钮，即可应用所选择的女声音色，单击右下角的"保存并生成播报"按钮，如图 6-18 所示，即可将所选择的女声音色与 AI 生成的文案内容应用于数字人播报中。

图 6-18　单击"保存并生成播报"按钮

STEP 04 操作完成后，单击数字人视频下方的播放按钮 ，可以预览数字人效果，并试听数字人的音色，如图 6-19 所示。

图 6-19　试听数字人的音色

6.3　编辑数字人视频内容

在腾讯智影中生成数字人视频以后，用户可根据需要对数字人进行编辑，如改变数字人的外观形象、更换模板中的视频内容、更改模板中的文字内容、上传并添加背景音乐，以及给视频添加背景音效等，使制作的数字人视频更加符合用户的要求。

6.3.1　改变数字人的外观形象

扫　码
看视频

腾讯智影提供了多种数字人形象编辑工具，可以帮助用户实现数字人形象的快速定制和优化。下面介绍改变数字人外观形象的操作方法。

STEP 01 在页面的预览区中，选择需要修改的数字人，如图 6-20 所示。

图 6-20　选择需要修改的数字人

STEP 02 在左侧单击"数字人"按钮，进入"数字人"页面，在"预置形象"选项卡中选择一个自己喜欢的数字人形象，如图 6-21 所示。

图 6-21　选择数字人形象

STEP 03 稍等片刻，即可更换视频中的数字人形象，效果如图 6-22 所示。

图 6-22　更换视频中的数字人形象

STEP 04 在右侧的面板中，切换至"画面"选项卡，设置各参数，调整数字人的位置和大小，如图 6-23 所示。

图 6-23　调整数字人的位置和大小

STEP 05 返回"播报内容"选项卡，删除多余的播报内容，单击"保存并生成播报"按钮，然后单击数字人视频下方的播放按钮，预览更换后的数字人效果，如图 6-24 所示。

图 6-24　预览更换后的数字人效果

提示

　　腾讯智影赋予了创作者极大的灵活性和创意空间，能够让用户根据需求塑造多样化的数字人形象，满足不同场景和故事情节的需要。

6.3.2　更改模板中的文字内容

扫　码
看视频

数字人模板中自带了一些文字元素，用户可以根据营销推广视频的需求，更改其中的文字内容，具体操作方法如下。

STEP 01 在页面的预览区中，选择需要修改的文字内容"助农直播间"，如图 6-25 所示。

STEP 02 在编辑区的"样式编辑"选项卡中，适当修改文本内容，如图 6-26 所示，使文本内容更加符合要求。

STEP 03 修改文本内容后，文字大小超出了底纹的区域，此时在右侧的"字符"选项卡中，设置"字号"为 70，调整文字的大小，使其与背景更加协调，如图 6-27 所示。

图 6-25 选择需要修改的文字内容

图 6-26 适当修改文本内容

图 6-27 调整文字的大小

STEP 04 用与上同样的方法，修改预览区中的其他文本内容，使数字人视频的宣传文案更符合要求，如图 6-28 所示。

图 6-28　修改预览区中的其他文本内容

6.3.3　上传并添加背景音乐

扫　码
看视频

给营销推广类的数字人视频添加合适的背景音乐，可以更好地配合视频的画面，提高观看体验，具体操作方法如下。

STEP 01 在页面左侧单击"我的资源"按钮，弹出相应面板，单击"本地上传"按钮，如图 6-29 所示。

图 6-29　单击"本地上传"按钮

STEP 02 弹出"打开"对话框，在其中选择相应的音频素材，如图 6-30 所示。

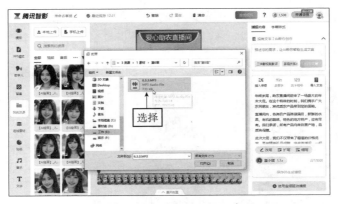

图 6-30 选择相应的音频素材

STEP 03 单击"打开"按钮，即可上传音频素材，切换至"音频"选项卡，单击音频素材右上角的 ➕ 按钮，如图 6-31 所示。

图 6-31 单击音频素材右上角的相应按钮

STEP 04 执行操作后，即可将音频素材添加到轨道中，调整音频的时长，以与数字人播报的时长对齐，如图 6-32 所示。

> **提示**
>
> 　　合适的背景音乐能够丰富视频的听觉层次，使观众在观看数字人视频时获得更加愉悦和沉浸的体验，观众能够更深入地理解和感受视频所表达的情感和氛围。

STEP 05 选择轨道中的音频素材，在右侧的"音频"选项卡中设置"音量"为 80%，适当降低音量，如图 6-33 所示。

STEP 06 在轨道中，将其他素材的时长调整至与数字人播报的时长一致，如图 6-34 所示，使画面声效和谐、统一。

图 6-32　调整音频的时长

图 6-33　设置"音量"为 80%

图 6-34　调整其他素材的时长

> **提示**
>
> 　　在数字人视频编辑页面中，如果用户对数字人视频中的某些画面元素不满意，也可以根据需要在右侧面板中进行修改与编辑，使制作的数字人视频更加符合要求。

6.3.4　合成数字人视频并导出

扫　码
看视频

　　在腾讯智影中，数字人视频制作完成后，接下来需要对视频进行合成与导出操作。导出视频后，用户可以轻松地在各种平台上分享和传播，扩大视频的影响力和受众范围。下面介绍合成数字人视频并导出的方法。

STEP 01 返回腾讯智影内容编辑页面，全部制作完成后，单击页面上方的"合成视频"按钮，如图 6-35 所示。

图 6-35　单击"合成视频"按钮

STEP 02 执行操作后，弹出"合成设置"对话框，在其中设置"名称"为"爱心助农直播间"，如图 6-36 所示。

STEP 03 单击"导出设置"右侧的下拉按钮，在弹出的列表框中选择 2K 选项，如图 6-37 所示，将数字人视频导出为 2K 分辨率。

提示

在"导出设置"列表框中，包含4个选项，即720P、1080P、2K和4K。720P适用于对视频清晰度要求不高的场景，提供了较为基本的观看体验，画面细节展现相对较少；1080P也称为"全高清"，是当前高清视频的主流标准，使视频在大多数显示设备上都能呈现出清晰、细腻的画面，适合日常观看和分享；2K分辨率高于1080P，提供了更为丰富的细节和更高的清晰度；4K属于超高清分辨率，提供了极高的像素密度和清晰度，能为观众带来身临其境的观看体验。需要用户注意的是，导出的视频分辨率越高，视频的容量就越大，对设备的存储和处理能力要求也越高。

图 6-36 设置视频的名称

图 6-37 选择 2K 选项

STEP 04 单击"确定"按钮，弹出"功能消耗提示"对话框，再次单击"确定"按钮，如图 6-38 所示。

图 6-38 单击"确定"按钮

STEP 05 执行操作后，进入"我的资源"页面，其中显示了数字人视频合成进度，如图 6-39 所示。

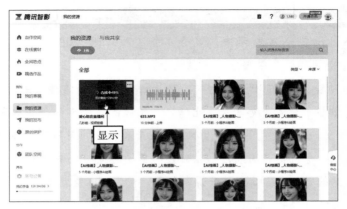

图 6-39　数字人视频合成进度

STEP 06 稍等片刻，待数字人视频合成完毕后，单击视频预览图，打开相应页面，在其中可以预览制作完成的数字人视频效果，如图 6-40 所示。单击页面上方的"下载"按钮，可以下载制作完成的数字人视频。

图 6-40　预览制作完成的数字人视频效果

6.4　本章小结

本章详细介绍了腾讯智影平台的使用，从账号登录、页面布局到数字人播报功能均有涉及。通过学习本章内容，读者能够掌握使用腾讯智影生成 AI 文案、选择合适的数字人模板、编辑数字人视频内容等技能，包括调整外观、更改文字、添加背景音乐等。本章不仅提升了读者在数字内容创作方面的能力，还拓宽了读者在 AI 辅助创作领域的视野，助力读者创作出更加丰富、生动的数字人视频内容。

第 7 章

智能剪辑
剪映的应用

　　随着人工智能技术的飞速发展，视频剪辑已经不再局限于传统的人工操作，而是可以通过智能剪辑工具，如剪映，来实现更加高效和创新的编辑效果。剪映 AI 的应用，不仅能够大幅度提升剪辑效率，还能为视频创作者带来前所未有的创作自由度。本章将以案例的形式详细介绍使用剪映的 AI 功能对视频进行智能剪辑的操作方法。

7.1 认识剪映与视频混剪玩法

剪映是一款集视频剪辑、调色、特效、音频处理等功能于一体的综合性视频编辑软件，它不仅支持手机端操作，还推出了桌面端版本，以满足用户在不同场景下的视频编辑需求。剪映以其丰富的功能、高效的编辑体验和简洁的界面设计，成为众多视频创作者的首选工具。本节主要介绍剪映的 AI 视频创作功能与混剪玩法，帮助初学者快速上手剪映工具。

7.1.1 下载与安装剪映

扫 码
看视频

剪映作为一款功能全面的视频编辑工具，可以帮助用户快速提升视频制作效率，节省剪辑的时间。在使用剪映剪辑视频之前，首先需要下载与安装剪映，下面进行下载与安装方面的相关讲解。

1. 电脑版的下载与登录

剪映是一款全能、易用的桌面端视频剪辑软件，提供了丰富的视频编辑功能。它广泛应用于自媒体从业者、视频编辑爱好者和影视后期专业人士的视频创作工作中，用好剪映能为用户工作提效。下面介绍下载与登录剪映专业版的操作方法。

STEP 01 在电脑中打开相应的浏览器，输入剪映的官方网址，打开其官方网站，在"专业版"页面中，单击页面中间的"立即下载"按钮，如图 7-1 所示。

图 7-1 单击"立即下载"按钮

STEP 02 下载剪映专业版安装器，单击页面右上方的下载按钮⬇，如图 7-2 所示。

STEP 03 执行操作后，弹出"下载"对话框，单击"打开文件"按钮，如图 7-3 所示。

图 7-2 单击相应按钮

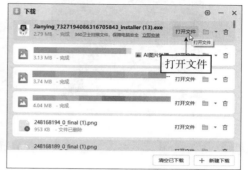

图 7-3 单击"打开文件"按钮

STEP 04 执行操作后，弹出相应对话框，单击"运行"按钮，如图 7-4 所示。

STEP 05 执行操作后，弹出"剪映专业版下载安装"对话框，即可开始下载并安装剪映专业版，过程中会显示下载和安装软件的进度，如图 7-5 所示。

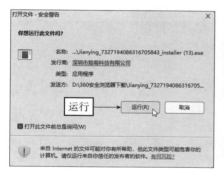

图 7-4 单击"运行"按钮

图 7-5 显示下载和安装软件的进度

STEP 06 安装完成后，弹出"环境检测"对话框，软件会对 PC 环境进行检测，检测完成后单击"确定"按钮，如图 7-6 所示。

STEP 07 执行操作后，进入剪映专业版的首页，单击左上方"点击登录账户"按钮，如图 7-7 所示。

STEP 08 弹出"登录"对话框，选中"已阅读并同意剪映用户协议和剪映隐私政策"复选框，单击"通过抖音登录"按钮，如图 7-8 所示。

图 7-6　单击"确定"按钮

图 7-7　单击"点击登录账户"按钮

STEP 09 执行操作后，进入抖音登录授权界面，如图 7-9 所示，用户可以根据界面提示进行扫码登录或通过验证码授权登录，完成登录后，将返回首页。

图 7-8　单击"通过抖音登录"按钮

图 7-9　进入抖音登录授权界面

2. 手机版的下载与登录

如果用户需要使用剪映 App 创作和剪辑视频，首先需要下载和登录剪映 App，具体操作方法如下。

STEP 01 打开手机中的应用商店，点击搜索栏，在搜索文本框中输入"剪映"，点击"搜索"按钮，即可搜索到剪映 App，点击剪映 App 右侧的"安装"按钮，如图 7-10 所示。

STEP 02 执行操作后，即可开始下载并自动安装剪映 App，安装完成后，App 右侧将显示"打开"按钮，如图 7-11 所示。

STEP 03 点击"打开"按钮，弹出"个人信息保护指引"面板，在其中可以查阅《用户协议》与《隐私政策》的相关内容，点击"同意"按钮，如图 7-12 所示。

STEP 04 进入剪映 App 的"剪同款"界面，点击"我的"标签，如图 7-13 所示。

图 7-10 点击"安装"按钮

图 7-11 显示"打开"按钮

图 7-12 点击"同意"按钮

图 7-13 点击"我的"标签

STEP 05 执行操作后，进入"抖音登录"界面，选中"已阅读并同意剪映用户协议和剪映隐私政策"复选框，点击"抖音登录"按钮，如图 7-14 所示。

STEP 06 执行操作后，即可完成登录，进入"我的"界面，如图 7-15 所示。

图 7-14　点击"抖音登录"按钮　　　　图 7-15　进入"我的"界面

7.1.2　剪映界面介绍

扫　码
看视频

剪映拥有简洁明了的界面设计和直观的操作方式，让用户能够轻松上手并快速掌握其使用方法。下面以剪映 App 为例，介绍剪映界面中的各主要功能模块，如图 7-16 所示。

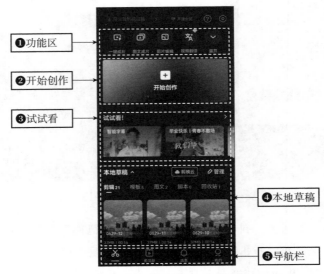

图 7-16　剪映 App 主界面

下面对剪映 App 界面中的各主要功能模块进行相关讲解。

❶ 功能区：包括多种剪映功能，如一键成片、图文成片、图片编辑、视频翻译等，选择相应的功能选项，即可开始创作视频或图片效果。

❷ 开始创作：点击该按钮，即可导入照片或视频素材，进行内容创作。

❸ 试试看：该区域中提供了许多的模板，用户可以制作或剪辑出同款视频效果。

❹ 本地草稿：一个草稿箱，其中显示了用户创作过的所有视频内容。当用户需要继续编辑之前保存的草稿时，只需在"本地草稿"中选中相应的项目，即可快速进入编辑状态，无须从头开始编辑视频，这为用户提供了极大的便利。

❺ 导航栏：导航栏中包括"剪辑""剪同款""消息"以及"我的"4 个功能标签，每个标签都承载着特定的作用，为用户提供了全面而便捷的视频剪辑和社交体验。

7.1.3　剪同款

扫　码
看视频

剪映的"剪同款"功能非常实用，它允许用户快速复制或模仿他人视频中的编辑样式和效果，特别适合那些希望在自己的视频中应用流行或专业编辑技巧的用户。

通过剪映的"剪同款"功能，用户可以选择一个自己喜欢的模板或样例视频，剪映会自动提供相应的编辑参数和效果，用户只需将自己的素材填充进去，即可创作出具有相似风格和效果的视频，效果如图 7-17 所示。

扫码
看效果

图 7-17　效果展示

提示

剪映 App 中的"剪同款"功能具有以下 4 个特点。

❶ 模板丰富：提供了海量的模板供用户选择，涵盖了各种风格和主题的视频类型。

❷ 操作简便：只需简单几步即可完成视频的制作和编辑，无须复杂的视频处理技能。

❸ 个性化强：用户可以根据自己的喜好和需求，自由替换模板中的素材，编辑视频效果，创作出独一无二的短视频。

❹ 高效快捷：相比传统的视频制作方式，"剪同款"功能能够大大缩短视频制作周期，提高制作效率。

下面介绍使用"剪同款"功能制作运动鞋广告视频效果的操作方法。

STEP 01 在剪映主界面底部，点击"剪同款"按钮🎬进入其界面，如图 7-18 所示。

STEP 02 在搜索栏中输入"一键 AI 智能扩图"，点击"搜索"按钮，在搜索结果中选择相应的剪同款模板，如图 7-19 所示。

STEP 03 执行操作后，预览模板效果，点击"剪同款"按钮，如图 7-20 所示。

图 7-18　点击"剪同款"按钮（1）

图 7-19　选择相应的剪同款模板

图 7-20　点击"剪同款"按钮（2）

STEP 04 进入手机相册，选择相应的参考图，点击"下一步"按钮，如图 7-21 所示。

STEP 05 执行操作后，即可自动套用同款模板，并合成视频效果，如图 7-22 所示。

图 7-21　点击"下一步"按钮

图 7-22　合成视频效果

7.1.4　一键成片

扫码
看视频

使用剪映的"一键成片"功能，用户不再需要具备专业的视频编辑技能或花费大量时间进行后期处理，只需几个简单的步骤，就可以将图片、视频片段、音乐和文字等素材融合在一起，AI 将自动为用户生成一段流畅且吸引人的视频，效果如图 7-23 所示。

下面介绍使用"一键成片"功能制作儿童成长短视频的操作方法。

STEP 01 在"剪辑"界面的功能区中，点击"一键成片"按钮，如图 7-24 所示。

STEP 02 进入手机相册，选择相应的图片素材，点击"下一步"按钮，如图 7-25 所示。

STEP 03 执行操作后，进入"选择模板"界面，系统会自行匹

图 7-23　效果展示

配合适的模板，如图 7-26 所示。

图 7-24　点击"一键成片"按钮

图 7-25　点击"下一步"按钮

STEP 04 用户也可以在下方选择相应的模板，选择中意的模板后，App 将自动对视频素材进行剪辑，点击"导出"按钮即可导出剪辑好的视频，如图 7-27 所示。

STEP 05 执行操作后，弹出"导出设置"面板，点击保存按钮 ，如图 7-28 所示，即可快速导出做好的视频。

图 7-26　匹配合适
的模板

图 7-27　点击"导
出"按钮

图 7-28　点击保存
按钮

7.1.5 图文成片

剪映的"图文成片"功能，可以帮助用户将静态的图片和文字转化为动态的视频，从而吸引更多的观众注意力，并提升内容的表现力。

通过图文成片功能，用户可以轻松地将一系列图片和文字编排成具有吸引力的视频。图文成片功能不仅简化了视频制作流程，还为用户提供了丰富的创意空间，让他们能够以全新的方式分享信息和故事，效果如图7-29所示。

图 7-29　效果展示

下面介绍使用图文成片功能制作旅行感悟视频的操作方法。

STEP 01 在"剪辑"界面的功能区中，点击"图文成片"按钮，如图7-30所示。

STEP 02 执行操作后，进入"图文成片"界面，在"智能文案"选项区中选择"旅行感悟"选项，如图7-31所示。

图 7-30　点击"图文成片"按钮

图 7-31　选择"旅行感悟"选项

STEP 03 执行操作后，进入"旅行感悟"界面，输入相应的旅行地点和话题，并选择合适的视频时长，点击"生成文案"按钮，如图7-32所示。

STEP 04 执行操作后，进入"确认文案"界面，该界面显示了 AI 生成的文案内容，如果用户对文案内容不满意，可以点击 **C** 按钮，重新生成文案，确认文案无误后点击"生成视频"按钮，如图 7-33 所示。

图 7-32　点击"生成文案"按钮

图 7-33　点击"生成视频"按钮

STEP 05 弹出"请选择成片方式"列表框，选择"智能匹配素材"选项，如图 7-34 所示。

STEP 06 执行操作后，即可自动合成视频效果，如图 7-35 所示。

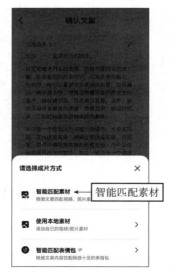

图 7-34　选择"智能匹配素材"选项

图 7-35　自动合成视频效果

7.1.6　营销成片

剪映的"营销成片"功能是专为商业营销和广告宣传设计的，它利用 AI 技术帮助用户快速制作出具有吸引力的视频广告或营销内容，特别适合于需要在社交媒体、电子商务平台或其他数字营销渠道上推广产品和品牌的商家和营销人员。"营销成片"功能通过简化视频制作流程，让用户能够轻松创作出高质量的视频广告，效果如图 7-36 所示。

下面介绍使用"营销成片"功能制作咖啡广告视频效果的操作方法。

$\boxed{\text{STEP}\ 01}$ 在"剪辑"界面的功能区中，点击"营销成片"按钮，如图 7-37 所示。

$\boxed{\text{STEP}\ 02}$ 执行操作后，进入"营销推广视频"界面，点击"添加素材"选项区中的➕按钮，如图 7-38 所示。

图 7-36　效果展示

图 7-37　点击"营销成片"按钮

图 7-38　点击相应按钮

$\boxed{\text{STEP}\ 03}$ 进入手机相册，选择多个视频素材，点击"下一步"按钮，如图 7-39 所示。

$\boxed{\text{STEP}\ 04}$ 执行操作后，即可添加视频素材，在"AI 写文案"选项卡中输入相应的视频文案，包括产品名称和产品卖点，如图 7-40 所示。

图 7-39　点击"下一步"按钮　　　　图 7-40　输入视频文案

STEP 05 点击"展开更多"按钮，显示其他设置，在"视频设置"选项区中，选择合适的时长参数，如图 7-41 所示。

STEP 06 点击"生成视频"按钮，即可生成 5 个营销视频，在屏幕下方选择合适的视频效果即可，如图 7-42 所示。

图 7-41　选择时长参数　　　　图 7-42　选择合适的视频效果

7.2 视频画面的智能处理

随着剪映版本的更新，也带来了更多的 AI 剪辑功能，这些功能可以帮助大家快速提升剪辑效率，节省剪辑时间。本节将为大家介绍如何使用剪映手机版和 PC 版中的 AI 功能剪辑视频，包括智能裁剪、智能补帧、超清画质、视频降噪以及智能运镜功能等。

7.2.1 智能裁剪

剪映中的"智能裁剪"功能可以转换视频的比例，裁去多余的画面，快速实现横竖屏转换，同时保持人物主体在最佳位置，并自动追踪主体，原图与智能裁剪效果对比如图 7-43 所示。

图 7-43 原图与"智能裁剪"效果对比

下面介绍使用"智能裁剪"功能处理视频的操作方法。

STEP 01 打开剪映 App，进入"剪辑"界面，点击"开始创作"按钮，如图 7-44 所示。

STEP 02 进入"照片视频"界面，在"视频"选项卡中选择视频素材，选中"高清"复选框，点击"添加"按钮，如图 7-45 所示，添加视频素材。

STEP 03 为了转换视频的比例，在编辑界面中选择视频素材，点击"智能裁剪"按钮，如图 7-46 所示。

STEP 04 弹出相应面板，选择 9 ：16 选项，把横屏转换为竖屏，点击▼按钮，如图 7-47 所示，确认操作，回到一级工具栏。

图 7-44　点击"开始创作"按钮

图 7-45　点击"添加"按钮

图 7-46　点击"智能裁剪"按钮

图 7-47　点击相应按钮

STEP 05 为了去除画面黑边，在界面下方的一级工具栏中，点击"比例"按钮，如图 7-48 所示。

STEP 06 弹出相应的面板，选择 9∶16 选项，去除画面左右两侧的黑边，如图 7-49 所示，最后点击"导出"按钮，导出视频。

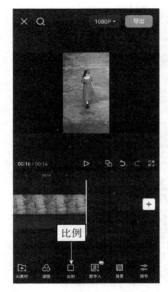 

图 7-48 点击"比例"按钮   图 7-49 选择 9 : 16 选项

提示

　　在剪映中，"智能裁剪"功能需要开通剪映会员才能使用，其他一些智能功能也需要开通剪映会员才能使用，用户可以根据需要选择是否开通会员。

7.2.2 智能补帧

扫　码
看视频

　　在一些比较唯美的视频中，会使用慢动作效果。在制作慢动作效果的时候，可以用到"智能补帧"功能，这个功能可以让慢动作画面变得流畅些。在走路视频中，可以制作走路慢动作效果，营造氛围感，效果展示如图 7-50 所示。

　　下面介绍使用"智能补帧"功能处理视频的操作方法。

STEP 01 在剪映中导入视频，选择视频素材，点击"变速"按钮，如图 7-51 所示。

STEP 02 在弹出的二级工具栏中，点击"常规变速"按钮，如图 7-52 所示。

STEP 03 进入"变速"面板，设置"变速"参数为 0.5x，选中"智能补帧"复选框，如图 7-53 所示，点击✅按钮，即可制作慢动作视频。

图 7-50 走路慢动作效果展示

图 7-51 点击
"变速"按钮

图 7-52 点击
"常规变速"按钮

图 7-53 点击
相应按钮

提示

　　智能补帧的主要作用是解决视频在特定情况下（如慢速播放）出现的卡顿问题，通过智能算法在连续两帧之间计算出额外的帧，以增加视频的帧率，视频播放会更加流畅。

7.2.3　超清画质

扫码
看视频

　　剪映推出的"超清画质"功能，可以满足用户对高清视觉体验的追求，用户可以利用该功能轻松地提高自己作品的清晰度和细节表现，让每一帧都更加细腻和生动，效果如图 7-54 所示。

　　下面介绍使用"超清画质"功能处理视频的操作方法。

STEP 01 在"剪辑"界面的功能区中，点击"超清画质"按钮，如图 7-55 所示。

STEP 02 执行操作后，进入手机相册，选择相应的视频素材，如图 7-56 所示。

图 7-54　效果展示

图 7-55　点击"超清画质"按钮

图 7-56　选择相应的视频素材

> **提示**
>
> 　　剪映 App 除了"超清画质"功能外，还具备"去闪烁"等高级视频处理功能，这些功能对于提升视频的专业品质至关重要。"去闪烁"功能专门用于解决视频拍摄中常见的闪烁问题，这种问题通常由光源不稳定或快门速度不匹配导致。剪映通过智能算法分析视频帧，识别并减少闪烁效果，从而提供更平滑和更舒适的观看体验。

STEP 03 执行操作后，进入"画质提升"界面，默认选择的是"超清画质"选项，如图 7-57 所示，并自动开始进行云端处理。

STEP 04 点击任务进程提示信息，即可查看任务处理进度，当进度达到 100% 时，表示超清画质任务处理完成，如图 7-58 所示。

图 7-57　默认选择"超清画质"选项

图 7-58　超清画质任务处理完成

7.2.4　视频降噪

扫　码
看视频

　　在光线不足的情况下拍摄的视频，画面往往会出现明显的噪点，影响观看体验。使用"视频降噪"功能可以有效降低这些噪点，使画面更加干净，效果如图 7-59 所示。

图 7-59　效果展示

下面介绍使用剪映 PC 版中的"视频降噪"功能处理视频的操作方法。

STEP 01 打开剪映 PC 版，在首页单击"开始创作"按钮，如图 7-60 所示。

图 7-60　单击"开始创作"按钮

STEP 02 进入"媒体"功能区，在"本地"选项卡中单击"导入"按钮，导入一段视频素材，单击视频素材右下角的"添加到轨道"按钮，如图 7-61 所示。

STEP 03 执行操作后，即可将视频素材添加到视频轨道中，如图 7-62 所示。

 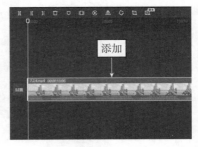

图 7-61　单击"添加到轨道"按钮　　图 7-62　将视频素材添加到视频轨道中

STEP 04 在"画面"操作区中选中"视频降噪"复选框，如图 7-63 所示，对视频进行降噪。

STEP 05 将下方"强度"设置为"强"，如图 7-64 所示，以提升视频降噪的强度。

图 7-63　选中"视频降噪"复选框　　图 7-64　设置"强度"为"强"

STEP 06 执行操作后，即可对视频进行降噪处理，提升视频的画面质量。

7.2.5　智能运镜

扫　码
看视频

剪映 PC 版中的"智能运镜"功能通过模拟手持摄像机或专业拍摄设备，为视频素材添加拉近、拉远、旋转、晃动等多种镜头效果，这些效果能够增强视频的动感和观赏性，特别适用于固定机位拍摄的视频，能够有效避免观众因长时间观看固定镜头画面而产生的视觉疲劳。运用"智能运镜"功能处理视频后的效果如图 7-65 所示。

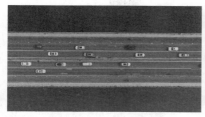

图 7-65　效果欣赏

　　下面介绍使用剪映 PC 版中的"智能运镜"功能处理视频的操作方法。

STEP 01 打开剪映 PC 版界面，进入"媒体"功能区，在"本地"选项卡中单击"导入"按钮，导入一段视频素材，单击视频素材右下角的"添加到轨道"按钮 ，将视频素材添加到视频轨道中，如图 7-66 所示。

STEP 02 在"画面"操作区中选中"智能运镜"复选框，如图 7-67 所示，对视频进行智能运镜处理。

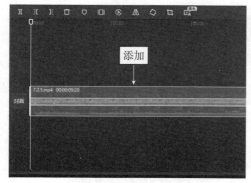

图 7-66　将视频素材添加到视频轨道中　　　图 7-67　选中"智能运镜"复选框

提示

　　剪映 PC 版中的"智能运镜"功能包含 4 种运镜方式，下面进行相关讲解。

　　❶ 动感：模拟快速移动或旋转的镜头效果，增加视频的紧张感和动感。

　　❷ 缩放：实现镜头的拉近或拉远，突出或展现视频中的细节和整体环境。

　　❸ 摇晃：模拟手持摄像机拍摄时的自然晃动效果，增加视频的现场感和真实性。

　　❹ 柔和：提供更为平稳和细腻的镜头运动效果，适用于需要营造柔和氛围的视频。

STEP 03 在"智能运镜"复选框的下方单击"缩放"缩略图，如图 7-68 所示，对视频素材应用"缩放"运镜特效。

STEP 04 在下方设置"缩放程度"为 30%，如图 7-69 所示，调节视频画面的缩放程度。

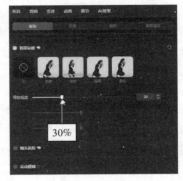

图 7-68　单击"缩放"缩略图　　　　图 7-69　设置"缩放程度"为 30%

7.2.6　镜头追踪

"镜头追踪"功能通过识别视频中的特定对象（如人物、车辆、动物等），并自动或根据用户设定的路径进行追踪，使视频画面能够始终聚焦于该对象，从而增强视频的动态感和观赏性。这一功能在广告制作、Vlog 剪辑等领域有着广泛的应用，效果如图 7-70 所示。

图 7-70　效果欣赏

下面介绍使用剪映 PC 版中的"镜头追踪"功能处理视频的操作方法。

STEP 01 打开剪映 PC 版界面，进入"媒体"功能区，在"本地"选项卡中单击"导入"按钮，导入一段视频素材，单击视频素材右下角的"添加到轨道"按钮 **+**，将视频素材添加到视频轨道中，如图 7-71 所示。

STEP 02 在"画面"操作区中选中"镜头追踪"复选框，如图 7-72 所示，对视频进行镜头追踪处理。

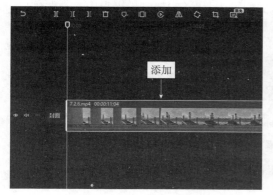

图 7-71 将视频素材添加到视频轨道中　　图 7-72 选中"镜头追踪"复选框

STEP 03 将时间线移至视频 6 秒左右的位置，在"画面"操作区的"镜头追踪"复选框下方，单击"身体"缩略图，以追踪画面中的人物身体，之后单击"开始"按钮，如图 7-73 所示。

STEP 04 执行操作后，即可开始对视频画面进行镜头追踪处理，处理完成后，在"播放器"面板中显示了镜头追踪框，如图 7-74 所示，表示镜头追踪成功。

图 7-73 单击"开始"按钮　　图 7-74 显示了镜头追踪框

7.3 视频抠像与色彩处理

在视频后期处理中，抠像技术，如同魔法般将画面中的特定元素从背景中分离，为创意合成打开了无限可能；而色彩处理技术，则如同为影片披上斑斓外衣一般，调整了视频的情绪氛围，让观众的情感随着色彩的流转而起伏。本节主要介绍视频抠像与色彩处理两大技术，主要包括智能抠像、自定义抠像、色度抠图、智能调色、色彩克隆以及智能美妆等内容。

7.3.1 智能抠像

扫　码
看视频

智能抠像是一项非常实用的视频编辑功能，主要利用先进的算法和机器学习技术，自动识别视频中的目标元素（如人像），并准确地将其与背景分离，从而实现背景替换、特效添加等高级编辑效果，原图与效果对比如图 7-75 所示。

扫码
看效果

图 7-75　原图与效果对比

下面介绍使用剪映 PC 版中的智能抠像功能处理视频的操作方法。

STEP 01 在"本地"选项卡中导入背景视频和人物视频，单击背景视频右下角的"添加到轨道"按钮 ，如图 7-76 所示，将背景视频添加到视频轨道中。

STEP 02 将人物视频拖曳至画中画轨道中，如图 7-77 所示。

STEP 03 在"画面"操作区中，切换至"抠像"选项卡，选中"智能抠像"复选框，如图 7-78 所示，对视频进行抠像处理。

STEP 04 执行操作后，即可将人物抠出来，更换背景，效果如图 7-79 所示。

图 7-76　单击"添加到轨道"按钮

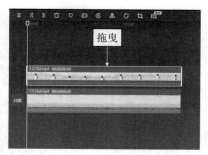

图 7-77　将人物视频拖曳至画中画轨道

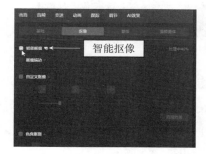

图 7-78　选中"智能抠像"复选框

图 7-79　把人物抠出来更换背景

提示

　　"智能抠像"功能能够快速且精准地识别视频中的目标元素，并将其与背景分离，大大提高了编辑效率。需要用户注意的是，"智能抠像"功能的效果受到光线和背景的影响较大，在光线充足、背景简单的情况下，抠像效果通常更加准确。

7.3.2　自定义抠像

扫　码
看视频

　　"自定义抠像"功能允许用户通过手动绘制或擦除的方式，精确地选择视频中想要保留或去除的部分。与"智能抠像"功能相比，自定义抠像提供了更高的灵活性和准确性，尤其适用于需要精细抠像的场景，能满足复杂的创作需求。

　　在剪映中，使用"自定义抠像"功能还可以制作出人物分身的效果，原图与效果对比如图 7-80 所示。

图 7-80　原图与效果对比

下面介绍使用剪映 PC 版中的自定义抠像功能处理视频的操作方法。

STEP 01 在"本地"选项卡中导入两段人物素材，单击第 1 段人物视频右下角的"添加到轨道"按钮 ，如图 7-81 所示，将第 1 段人物视频添加到视频轨道中。

STEP 02 将第 2 段人物视频拖曳至画中画轨道中，如图 7-82 所示。

图 7-81　单击"添加到轨道"按钮

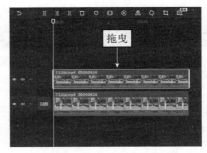

图 7-82　将第 2 段人物视频拖曳至画中画轨道

STEP 03 在"画面"操作区中，切换至"抠像"选项卡，选中"自定义抠像"复选框，如图 7-83 所示，开启"自定义抠像"功能。

STEP 04 将鼠标移至"播放器"面板中，在需要抠像的区域按住鼠标左键并拖曳，抠取人像及部分背景区域，如图 7-84 所示。

STEP 05 在"抠像"选项卡中，单击"应用效果"按钮，如图 7-85 所示，应用抠像处理。

图 7-83　选中"自定义抠像"复选框　　　图 7-84　抠取人像及部分背景区域

STEP 06 执行操作后，即可制作出人物分身的效果，在"播放器"面板中可以查看视频效果，如图 7-86 所示。

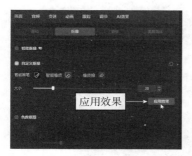

图 7-85　单击"应用效果"按钮　　　　　图 7-86　查看视频效果

提示

　　在"自定义抠像"复选框的下方，有 3 个按钮，即智能画笔 、智能橡皮 和橡皮擦 ，下面分别进行介绍。

　　❶ 智能画笔 ：用于标记视频中你想要保留的部分。当你在视频中画上一两笔时，剪映会智能识别并抠选出整个物体或人物，使其从原背景中分离出来。这个工具特别适用于精确选择复杂的物体或人物轮廓。

　　❷ 智能橡皮 ：如果智能画笔抠像后的结果包含了一些你不希望保留的区域，智能橡皮可以用来擦除这些多余的部分。使用智能橡皮可以进一步精细化抠像的边缘，确保只有你想要保留的部分被选中。

　　❸ 橡皮擦 ：这个工具与智能橡皮类似，但它提供了更多的手动控制。用户可以用橡皮擦手动擦除不需要的区域，而不是依赖智能识别，这在处理复杂背景或细节部分时非常有用。

7.3.3 色度抠图

色度抠图基于颜色识别技术，通过指定一个颜色范围（通常是绿幕或蓝幕颜色），剪映会自动识别并抠除该颜色范围内的所有像素，从而保留用户想要的前景对象。这一功能在视频制作中非常实用，它允许用户根据视频中的特定颜色来抠除画面，从而实现前景与背景的分离，原图与效果对比如图 7-87 所示。

图 7-87　原图与效果对比

下面介绍使用剪映 PC 版中的色度抠图功能处理视频的操作方法。

STEP 01 在"本地"选项卡中导入风景视频和手机视频，单击风景视频右下角的"添加到轨道"按钮，如图 7-88 所示，将风景视频添加到视频轨道中。

STEP 02 将手机视频拖曳至画中画轨道中，如图 7-89 所示。

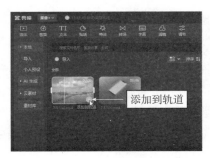

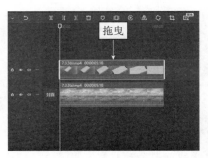

图 7-88　单击"添加到轨道"按钮　　　图 7-89　将手机视频拖曳至画中画轨道

STEP 03 在"画面"操作区中，切换至"抠像"选项卡，选中"色度抠图"复选框，开启"色度抠图"功能，单击"取色器"右侧的 ✏ 按钮，如图 7-90 所示，用于吸取画面中的颜色。

STEP 04 将鼠标移至手机素材中的绿色区域，即可自动吸取绿色并进行抠图处理，如图 7-91 所示。

 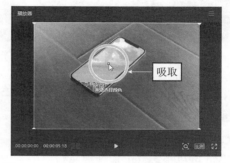

图 7-90　单击"取色器"右侧的相应按钮　图 7-91　自动吸取绿色并进行抠图处理

STEP 05 在绿色区域单击鼠标左键，即可进行色度抠图，显示绿色图像下方的视频内容，在"抠像"选项卡中的"色度抠图"选项区中，设置"强度"为 42，如图 7-92 所示，加强抠图的效果，使抠取的画面更加自然。

STEP 06 在"播放器"面板中单击 ▶ 按钮，可以预览抠图后的视频效果，如图 7-93 所示。

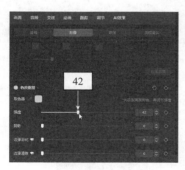 

图 7-92　设置"强度"为 42　　　图 7-93　预览抠图后的视频效果

7.3.4 智能调色

扫　码
看视频

如果视频画面过曝或者欠曝，色彩也不够鲜艳，就可以使用智能调色功能，为画面进行自动调色，用户还可以通过调整相应的调节参数，让视频画面更靓丽些，原图与效果对比如图 7-94 所示。

图 7-94　原图与效果对比

下面介绍使用剪映 PC 版中智能调色功能处理视频的操作方法。

STEP 01 在"本地"选项卡中导入一段视频素材，单击视频素材右下角的"添加到轨道"按钮，如图 7-95 所示。

STEP 02 将视频素材添加到视频轨道中，如图 7-96 所示。

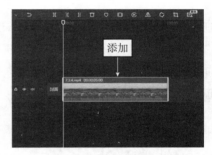

图 7-95　单击"添加到轨道"按钮　　　图 7-96　将视频素材添加到视频轨道中

STEP 03 选择视频素材，单击"调节"按钮，进入"调节"操作区，选中"智能调色"复选框，进行智能调色，如图 7-97 所示。

图 7-97　选中"智能调色"复选框

STEP 04 为了继续调整视频画面，设置"色温"为 11、"色调"为 11、"饱和度"为 16，以调整视频的色温与色调，同时让视频色彩更鲜艳一些，如图 7-98 所示。

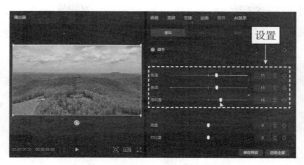

图 7-98 设置相应的参数

提示

　　智能调色功能能够自动识别视频中的色彩偏差和不足之处，通过调整色相、饱和度、亮度、对比度、色温等参数，使视频画面更加生动、鲜明、富有艺术感，该功能特别适合那些对色彩调整不太熟悉或希望快速获得专业级调色效果的用户。

7.3.5 色彩克隆

 扫 码
看视频

　　在日常拍摄中，不同时间段拍摄出来的视频，往往会存在画面色彩或亮度等不统一的情况，使用色彩克隆功能可以快速实现色彩的统一，原图与效果对比如图 7-99 所示。

图 7-99 原图与效果对比

下面介绍使用剪映 PC 版中的色彩克隆功能处理视频的操作方法。

STEP 01 在"本地"选项卡中导入两段视频素材，单击视频素材右下角的"添加到轨道"按钮，如图 7-100 所示。

STEP 02 将两段视频素材添加到视频轨道中，选择第 2 段视频素材，如图 7-101 所示。

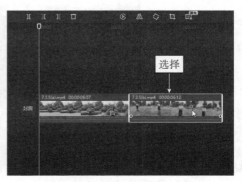

图 7-100　单击"添加到轨道"按钮　　　图 7-101　选择第 2 段视频素材

STEP 03 单击"调节"按钮，进入"调节"操作区，选中"色彩克隆"复选框，弹出"目标图选择"对话框，选择相应的视频帧，如图 7-102 所示，以该帧的视频画面色彩作为目标色彩。

STEP 04 单击"确认"按钮，在"调节"操作区中设置"强度"为 100，如图 7-103 所示，提升色彩克隆的强度，单击"应用全部"按钮，即可对视频画面进行色彩克隆操作。

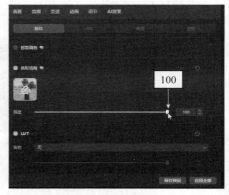

图 7-102　选择相应的视频帧　　　图 7-103　设置"强度"为 100

提示

　　色彩克隆功能首先捕捉目标图片或视频帧的色彩信息，如色相、饱和度、亮度等，然后将其应用到选定的其他素材上。这一功能对于需要快速统一视频色调、创建特定色彩风格或模仿特定色彩氛围的场景非常有用。

7.3.6　智能美妆

扫　码
看视频

　　智能美妆是一款美颜功能，使用这个功能可以快速为人物进行化妆，美化面容，原图与效果对比如图 7-104 所示。

扫码
看效果

图 7-104　原图与效果对比

　　下面介绍使用剪映 PC 版中的智能美妆功能处理视频的操作方法。

STEP 01 在"本地"选项卡中导入一段视频素材，并添加到视频轨道中，选择视频素材，在"画面"操作区中，切换至"美颜美体"选项卡，选中"美妆"复选框，选择"清透感"选项，如图 7-105 所示，为人物快速化妆。

图 7-105　选择"清透感"选项

提示

　　剪映 PC 版的智能美妆功能允许用户在视频编辑过程中，为人像添加或调整妆容，以达到美化效果。该功能集成了多种美妆选项，如口红、眉毛、睫毛、眼影等，用户可以根据需要自由选择和调整，使人物在视频中的形象更加精致和自然。

　　如果视频中有多个人物，用户需要先选择"全局模式"或"单人模式"。在全局模式下，所有出现的人物将应用相同的妆容；而在单人模式下，用户可以单独为某一个人物选择或调整妆容。

STEP 02 在"美颜美体"选项卡中，选中"美颜"复选框，设置"丰盈"为 82、"磨皮"为 89、"亮眼"为 57、"美白"为 79，如图 7-106 所示，使人物的皮肤更加润滑和白皙。

图 7-106　设置各参数

7.3.7　智能打光

如果拍摄前期缺少打光操作，在剪映中可以使用智能打光功能，为画面增加光源，营造环境氛围光，剪映中有多种光源和类型可选，原图与效果对比如图 7-107 所示。

图 7-107　原图与效果对比

下面介绍使用剪映 PC 版中的智能打光功能处理视频的操作方法。

STEP 01 在"本地"选项卡中导入一段视频素材，并添加到视频轨道中，选择视频素材，在"画面"操作区中，选中"智能打光"复选框，选择"温柔面光"选项，如图 7-108 所示，稍等片刻，即可为人物打光。

图 7-108　选择"温柔面光"选项

提示

智能打光功能主要用于给画面中的人物或主要物体添加基础的光线效果，如面部补光、环境补光等，用户可以通过调整光线的强度、半径和距离等参数，来实现精准的光线控制。通过直观的界面设置，即使是视频编辑新手也能轻松上手。

STEP 02 为了美化人物的面容，切换至"美颜美体"选项卡，选中"美颜"复选框，设置"美白"参数为55，让人物皮肤变白一些，如图7-109所示。

图 7-109　设置"美白"参数

STEP 03 单击"调节"按钮，进入"调节"操作区，选中"智能调色"复选框，快速为视频调色，让视频画面变得更加通透些，如图7-110所示。

图 7-110　选中"智能调色"复选框

7.4　视频字幕的智能处理

剪映提供的视频字幕智能处理功能，可以快速为视频添加字幕，节约手动输入字幕的时间。本节将为大家介绍视频字幕的智能处理方法，包括 AI 文字效果、使用智能歌词识别以及使用智能字幕功能等。

7.4.1　AI文字效果

在剪映"文本"功能区下有一个新增的"AI 生成"功能，该功能通过智能算法，能够根据用户输入的简单文案或关键词，自动生成多种风格、多种形式的精彩文字效果，这些文字效果可以直接应用于视频中，增强视频的表现力和吸引力，效果如图 7-111 所示。

图 7-111　效果欣赏

下面介绍在剪映 PC 版中制作 AI 文字效果的操作方法。

STEP 01 在"本地"选项卡中导入一段视频素材，并添加到视频轨道中，如图 7-112 所示。

STEP 02 单击"文本"按钮，进入"文本"功能区，切换至"AI 生成"选项卡，如图 7-113 所示，在其中用户可以通过简单的文案创作精彩的文字效果。

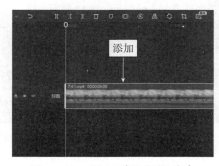

图 7-112　添加到视频轨道中　　　　图 7-113　切换至"AI 生成"选项卡

STEP 03 在"AI生成"选项卡中，输入相应的文字和效果描述，如图7-114所示，指导AI生成特定的文字效果。

STEP 04 单击"立即生成"按钮，稍等片刻，即可生成相应的文字效果，单击右下角的"应用"按钮 ，如图7-115所示。

图 7-114　输入相应的文字和效果描述

图 7-115　单击右下角的"应用"按钮

> **提示**
>
> 　　添加文字效果后，用户可以进一步调整文字的样式、字体、颜色、大小、位置等属性。剪映提供了丰富的编辑工具，让用户可以根据需要自定义文字效果。

STEP 05 执行操作后，即可将文字效果添加到轨道中，如图7-116所示。

STEP 06 向右拖曳文本右侧的白色拉杆，可以调整文字效果的时长，使其对齐视频的时长，如图7-117所示。

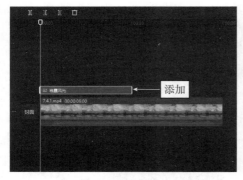

图 7-116　将文字效果添加到轨道中

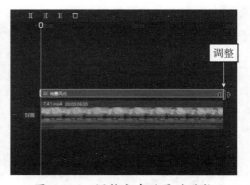

图 7-117　调整文字效果的时长

STEP 07 在"播放器"面板中，可以预览添加的文字效果，如图7-118所示。

STEP 08 将文字效果拖曳至合适位置，并调整其大小，如图 7-119 所示。

图 7-118 预览添加的文字效果   图 7-119 调整文字效果的位置和大小

7.4.2 识别歌词

扫 码
看视频

如果视频中有清晰的中文歌曲，此时用户可以使用"识别歌词"功能，快速识别出歌词字幕，省去了手动添加歌词字幕的操作，效果如图 7-120 所示。

图 7-120 效果欣赏

下面介绍使用剪映 PC 版中的识别歌词功能快速添加歌词的操作方法。

STEP 01 在"本地"选项卡中导入一段视频素材，并添加到视频轨道中，如图 7-121 所示。

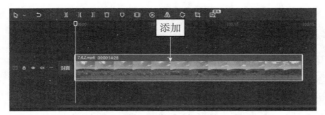

图 7-121 导入视频素材并添加到视频轨道中

STEP 02 在"文本"功能区中，切换至"识别歌词"选项卡，单击"开始识别"按钮，如图 7-122 所示。

STEP 03 稍等片刻，即可生成歌词文本，如图 7-123 所示。

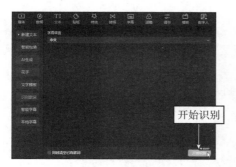

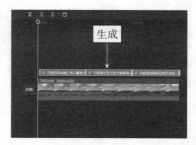

图 7-122 单击"开始识别"按钮　　　图 7-123 生成歌词文本

STEP 04 选择第 1 段文字，在"文本"操作区的"基础"选项卡中设置合适的文字字体，然后设置"字号"为 8，如图 7-124 所示，从而调整字体大小。

STEP 05 切换至"花字"选项卡，选择合适的花字样式，如图 7-125 所示。

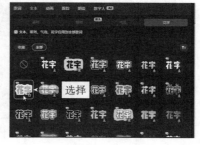

图 7-124 设置字体和字号　　　图 7-125 选择合适的花字样式

> **提示**
>
> 　　剪映中的识别歌词功能主要通过先进的语音识别技术，自动分析音频文件中的歌词内容，并将其以文字形式呈现在视频画面上。用户无须手动输入歌词，也无须担心歌词与音频的同步问题，这极大地节省了时间和精力。为了确保歌词识别的准确性，建议用户使用音质清晰、无杂音的音频文件。

STEP 06 在"播放器"面板中调整歌词的位置，如图 7-126 所示。

STEP 07 此时，后面的两段歌词字幕将按照第 1 段文字的效果自动进行修改，以形成风格统一的字幕效果，如图 7-127 所示。至此，即可在视频中快速添加歌词。

图 7-126 调整歌词的位置　　　图 7-127 自动修改文字的效果

7.4.3 识别字幕

 扫 码
看视频

剪映中的"识别字幕"功能准确率非常高，该功能能够帮助用户快速识别视频中的语音内容并同步添加字幕效果，如图 7-128 所示。

图 7-128 效果欣赏

下面介绍使用剪映 PC 版中的识别字幕功能识别语音的操作方法。

STEP 01 在"本地"选项卡中导入一段视频素材，并添加到视频轨道中，如图 7-129 所示。

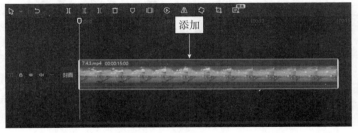

图 7-129 导入视频素材并添加到视频轨道中

> **提示**
>
> 　　剪映中的识别字幕功能主要通过先进的语音识别技术，自动识别视频中的语音内容，并将其转换成文字形式，以字幕的形式显示在视频中。这一功能极大地提升了视频制作的效率，特别是对于那些需要添加大量字幕的视频创作者来说，更是节省了大量手动输入字幕的时间。

STEP 02 在"文本"功能区中，切换至"智能字幕"选项卡，单击"识别字幕"中的"开始识别"按钮，如图 7-130 所示。

STEP 03 执行操作后，剪映即可根据视频中的语音内容自动生成相应的文本，并添加到轨道中，如图 7-131 所示。

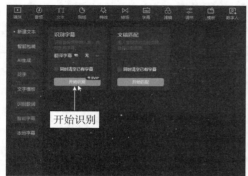

图 7-130　单击"开始识别"按钮

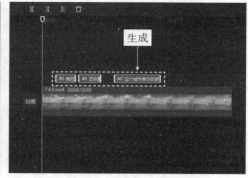

图 7-131　自动生成相应的文本

STEP 04 在"文本"功能区中，设置相应的字号、字间距等，如图 7-132 所示。

STEP 05 切换至"花字"选项卡，选择合适的花字样式，如图 7-133 所示。

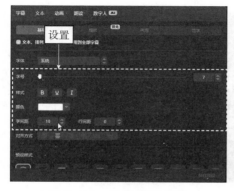

图 7-132　设置字体属性

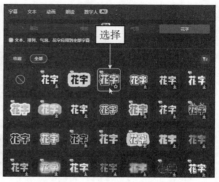

图 7-133　选择合适的花字样式

提示

　　剪映能够智能识别视频中的语音内容，无论是中文、英文，还是其他支持的语言，都能实现较高的识别准确率。

7.5 视频音效的智能处理

　　一段成功的短视频离不开音频、音效的配合，音频、音效可以增加现场的真实感，塑造人物形象和渲染场景氛围。在剪映中，除了可以添加音频、音效之外，还可以对声音进行智能处理，比如克隆音色、人声分离、音色变换、智能剪口播视频等，让视频音效更动听。本节主要介绍视频音效的智能处理技巧。

7.5.1 文本朗读

扫 码
看视频

　　在一些个人 Vlog 短视频素材中，用户可以通过文本朗读功能制作心灵鸡汤配音效果，用美人和美声来打动观众，效果如图 7-134 所示。

扫码
看效果

图 7-134　效果欣赏

　　下面介绍在剪映 PC 版中使用文本朗读功能添加音效的操作方法。

STEP 01 在"本地"选项卡中导入一段视频素材，并添加到视频轨道中，如图 7-135 所示。

STEP 02 单击"文本"按钮，进入"文本"功能区，单击"默认文本"右下角的"添加到轨道"按钮 ，如图 7-136 所示，添加文本。

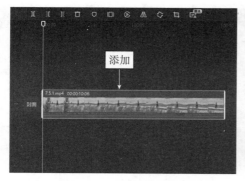

图 7-135　添加到视频轨道中

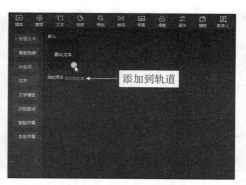

图 7-136　单击"添加到轨道"按钮

STEP 03 在"文本"操作区中输入文案内容，如图 7-137 所示。

图 7-137　在"文本"操作区中输入文案内容

STEP 04 为了将文案制作成音频，单击"朗读"按钮，进入"朗读"操作区，选择"心灵鸡汤"选项，如图 7-138 所示。

图 7-138　选择"心灵鸡汤"选项

STEP 05 单击"开始朗读"按钮，生成配音音频，之后选择文本，单击"删除"按钮，如图 7-139 所示，将多余的文字删除。

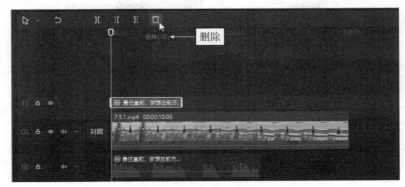

图 7-139 单击"删除"按钮

　　文本朗读功能通过智能语音合成技术，将用户输入的文本内容转换为自然流畅的语音，并提供了多种语音音色供用户选择，以满足不同视频风格的需求。这一功能广泛应用于教育、宣传、娱乐等领域的视频制作中，为视频内容增添了丰富的听觉体验。

　　在音效处理中，朗读速度和音调是影响朗读效果的重要因素。在设置朗读速度和音调时，要根据视频的内容和节奏来进行。一般来说，新闻、纪录片等正式场合的朗读速度可以稍快一些，而教学、解说等场合的朗读速度则可以适当放慢。同时，要根据视频的氛围和风格来调整音调的高低和起伏。

7.5.2 克隆音色

扫 码
看视频

　　什么是克隆音色？克隆音色是一种利用人工智能技术，通过分析和学习目标声音的特征，生成与目标声音高度相似的声音技术。克隆音色可以实现将文本转化为特定人的音色输出，广泛应用于各种需要特定音色配音的场景。

　　剪映为用户提供了 AI 克隆音色功能，通过这一功能，用户可以轻松克隆自己的声音或者他人的声音，使视频配音更加多样化和个性化，效果如图 7-140 所示。

图 7-140 效果欣赏

下面介绍在剪映 PC 版中使用克隆音色功能处理音效的操作方法。

STEP 01 在"本地"选项卡中导入一段视频素材，并添加到视频轨道中，如图 7-141 所示。

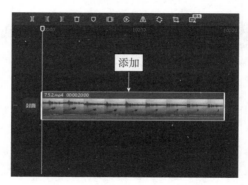

图 7-141 添加到视频轨道中

STEP 02 拖曳时间线至 00:00:05:00 的位置，在"文本"功能区的"花字"选项卡中，找到一个合适的花字，单击"添加到轨道"按钮 ，如图 7-142 所示。

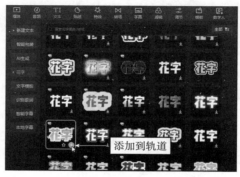

图 7-142 单击"添加到轨道"按钮

STEP 03 执行操作后，即可在时间线的位置处添加一个花字文本，选择添加的花字文本，在"文本"操作区中，输入文字内容，设置"字间距"参数为5，将文字间距稍微拉开一些，在"播放器"面板中调整文本的位置和大小，如图 7-143 所示。

STEP 04 在"动画"操作区的"入场"选项卡中，选择"渐显"动画，为文本添加入场动画，如图 7-144 所示。

STEP 05 执行操作后，在"出场"选项卡中，选择"溶解"动画，为文本添加出场动画，如图 7-145 所示。

图 7-143 调整文本位置和大小

图 7-144 选择"渐显"动画

图 7-145 选择"溶解"动画

STEP 06 在"朗读"操作区的"克隆音色"选项区中，选择"音色02"音色，单击"开始朗读"按钮，如图 7-146 所示，即可生成配音音频。

STEP 07 在轨道上，向上拖曳配音音频上的音量线，直至参数显示为 8.6dB，将配音音频音量调高，如图 7-147 所示，以完成专属配音的制作。

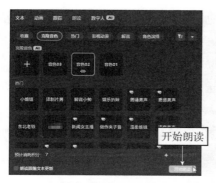
图 7-146　单击"开始朗读"按钮

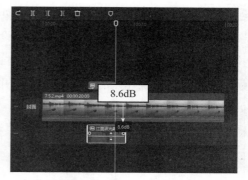
图 7-147　向上拖曳音量线

7.5.3　人声分离

扫 码
看视频

如果视频中的音频同时有人声和背景音，我们可以使用剪映的人声分离功能，从而仅保留人声或者背景音，满足大家的声音创作需求，效果如图 7-148 所示。

图 7-148　效果欣赏

下面介绍在剪映 PC 版中使用人声分离功能处理音效的操作方法。

STEP 01 在"本地"选项卡中导入一段视频素材，并添加到视频轨道中，如图 7-149 所示。

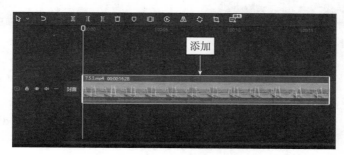
图 7-149　将视频素材添加到视频轨道中

STEP 02 单击"音频"按钮，进入"音频"操作区，选中"人声分离"复选框，选择"仅保留人声"选项，将音频中的背景音进行分离并删除，如图 7-150 所示。

图 7-150　选择"仅保留人声"选项

7.5.4　音色变换

如果用户对于自己的原声音色不是很满意，或者想改变音频的音色，就可以使用 AI 改变音频的音色，实现"魔法变声"。本案例是将男生的音色变成女生的音色，效果如图 7-151 所示。

扫码
看效果

图 7-151　效果欣赏

下面介绍在剪映 PC 版中将男生音色变成女生音色的操作方法。

STEP 01 在"本地"选项卡中导入一段视频素材，并添加到视频轨道中，如图 7-152 所示。

STEP 02 单击"音频"按钮，进入"音频"操作区，切换至"声音效果"中的"音色"选项卡，选择"顾姐"选项，如图 7-153 所示，将男生音色变成女生音色。

图 7-152　将视频素材添加到视频轨道中

图 7-153　选择"顾姐"选项

提示

　　剪映中的音色变换功能，通常是通过内置的 AI 音频处理技术实现的，允许用户在不改变原音频内容的前提下，调整或变换声音的特质，比如让声音听起来更加低沉、高亢、稚嫩或成熟，甚至可以模仿特定人物或角色的声音风格。这种功能在创意视频制作、配音、娱乐搞笑视频等领域尤为有用。用户在改变音色的过程中，需要注意以下两点。

　　❶ 音色改变的效果会受到原始音频质量的影响，高质量的音频文件通常能产生更自然、更逼真的音色变化效果。

　　❷ 过度使用或不当使用音色改变功能时，可能会导致音频听起来不自然或失真，因此建议适度使用，并结合视频内容和风格进行考量。

7.5.5　智能剪口播

扫　码
看视频

　　在剪映中使用"智能剪口播"功能，可以实现口播内容的智能处理，该功能主要利用人工智能技术，对视频或音频中的口播内容进行智能分析，能够自动识别并处理其中的重复、停顿、不恰当的口头语、语气词等问题，能够显著提升视频剪辑的效率和质量。这一功能特别适用于访谈、教学、演讲、带货等类型的视频制作，能够显著减少剪辑过程中的烦琐操作，使视频内容更加流畅、专业，效果如图 7-154 所示。

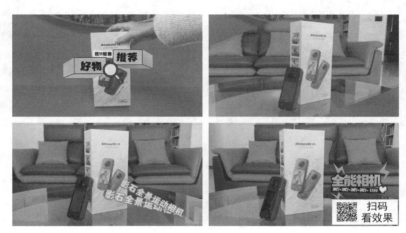

图 7-154　效果欣赏

下面介绍在剪映 PC 版中使用智能剪口播功能处理音效的操作方法。

STEP 01 在"本地"选项卡中导入一段视频素材，并添加到视频轨道中，如图 7-155 所示。

STEP 02 在视频素材上单击鼠标右键，在弹出的快捷菜单中选择"智能剪口播"选项，如图 7-156 所示。

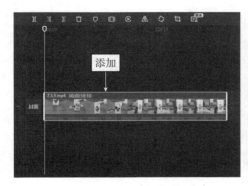

图 7-155　添加到视频轨道中

图 7-156　选择"智能剪口播"选项

STEP 03 弹出的"剪口播"面板中显示了语音中的所有文字内容，选择重复的词语"生活"，在弹出的浮动工具栏中单击"删除"按钮，如图 7-157 所示。

STEP 04 执行操作后，此时视频中重复的语音片段便被自动删除了，如图 7-158 所示。

 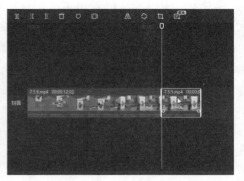

图 7-157　单击"删除"按钮　　　　图 7-158　重复的语音片段被自动删除

7.5.6　智能场景音

在剪映的"场景音"选项卡中，有许多的 AI 声音处理效果，本案例添加的是"回音"效果，适用于有空旷画面的视频，效果如图 7-159 所示。

图 7-159　效果欣赏

下面介绍在剪映 PC 版中使用智能场景音功能处理音效的操作方法。

STEP 01 在"本地"选项卡中导入一段视频素材，并添加到视频轨道中，如图 7-160 所示。

STEP 02 单击"音频"按钮，进入"音频"操作区，切换至"声音效果"中的"场景音"选项卡，选择"回音"选项，如图 7-161 所示，制作回音效果。

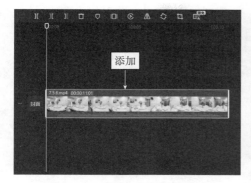

图 7-160　添加到视频轨道中

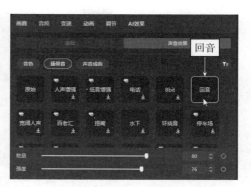

图 7-161　选择"回音"选项

7.6　本章小结

　　本章详细介绍了剪映这一视频编辑工具，从下载安装到高级编辑技巧全面覆盖。通过学习智能裁剪、补帧、降噪等画面处理技术，以及智能抠像、调色、字幕、音效等功能，读者能轻松掌握视频混剪与创意制作的精髓。通过学习本章内容，读者不仅能够提升视频编辑效率，还能激发创作灵感，从而能够轻松制作、剪辑出专业级的视频作品，让个人分享或商业营销都能游刃有余。

第 8 章

运营技巧
打造高人气的短视频

为短视频打造高人气不仅是内容创作的延续,更是将优质内容推向更广阔舞台的关键。掌握高效的运营策略,就如同为短视频插上了翅膀,能让其飞得更高、更远。本章将详细介绍打造高人气短视频的技巧。用户掌握并运用这些技巧,可以使创作的短视频迅速走红,吸引海量观众。

8.1 AI短视频生成之前的注意事项

在利用 AI 技术生成短视频之前，进行精心准备和细致规划是确保最终作品能够吸引目标受众、传递有效信息并达到预期效果的关键。本节主要介绍 AI 短视频生成之前的注意事项，帮助用户了解目标受众，轻松打造出高质量的视频效果。

8.1.1 受众分析

扫 码
看视频

在创作 AI 短视频之前，受众分析是至关重要的一步，它不仅决定了内容的方向、风格和语言，还直接影响到内容的传播效果和受众的接受度。要明确你的短视频内容是为哪一类人群设计的，深入了解受众群体，以便定制化创作，增强内容的针对性和吸引力，提高内容的吸引力和传播效果。目标受众分析的重要性的相关介绍如图 8-1 所示。

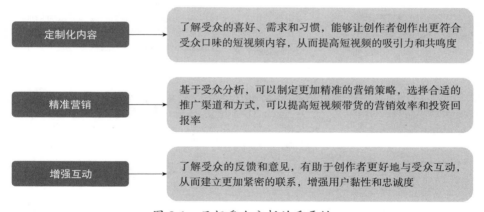

图 8-1　目标受众分析的重要性

下面以图解的方式分析短视频的目标受众，如图 8-2 所示。

综上所述，短视频的目标受众分析是一个全面而深入的过程，通过明确受众定位、深入分析受众需求、探索受众兴趣与偏好、了解受众行为习惯以及洞察受众心理特征等，可以更加精准地把握受众的需求和喜好，从而创作出更加符合他们口味的 AI 短视频内容。

明确受众定位	需要明确短视频是面向哪一类人群制作的，包括受众的年龄、性别、地域、职业、兴趣爱好等基本信息。例如，如果创作者的短视频是关于时尚潮流的，那么目标受众可能是年轻女性；如果是关于科技产品的，则可能更吸引科技爱好者
深入分析受众需求	在明确了受众定位后，需要进一步分析他们的具体需求，包括他们在观看短视频时想要获得的信息、娱乐、教育或是其他类型的价值。通过市场调研、用户反馈等方式，可以收集到大量关于受众需求的数据。例如，受众可能希望看到关于美妆技巧、健身教程、旅行攻略、生活小窍门等内容
探索受众兴趣与偏好	受众的兴趣和偏好是短视频内容创作的核心驱动力。通过社交媒体、论坛等渠道，可以了解到受众对于哪些话题、哪种风格更感兴趣。这些信息对于制定内容策略、选择合作对象、设计视觉效果等方面都具有重要的指导意义。例如，如果受众对幽默搞笑的内容情有独钟，那么可以尝试在 AI 短视频中融入更多的幽默元素
了解受众行为习惯	受众的行为习惯也是短视频创作者需要重点关注的方面，包括他们观看短视频的时间段、时长、频率、互动方式等。通过数据分析工具，可以获取这些关键指标的数据，从而帮助创作者更好地安排发布时间、控制视频时长、提高互动率等。例如，如果受众主要在晚上和周末观看短视频，那么可以在这些时间段内增加 AI 短视频的发布量
洞察受众心理特征	通过深入了解受众的心理特征，可以更加精准地把握他们的情感共鸣和痛点，从而创作出更加有深度的 AI 短视频内容。例如，如果受众对环保和可持续发展有较高关注度，那么可以制作一些与环保相关的短视频来传递正能量

图 8-2　分析短视频的目标受众

8.1.2　内容策划

 扫　码
看视频

　　AI 短视频的内容策划是确保视频能够吸引观众、引起共鸣并广泛传播的关键步骤。在策划过程中，获取热门的短视频主题至关重要，因为它能够直接关联观众的兴趣点和关注度。下面对如何获取热门短视频的主题进行相关介绍。

1. 紧跟时事热点

　　时事热点是吸引观众注意力的天然磁石，通过关注新闻、社交媒体趋势、热门话题等渠道，可以及时发现并紧跟时事热点。例如，重大节日、体育赛事、社会事件、流行文化等都可以成为短视频的创作主题。图 8-3 所示为与中秋节相关的 AI 短视频效果。

扫码
看效果

图 8-3　与中秋节相关的 AI 短视频效果

提示

　　将时事热点融入 AI 短视频内容中，不仅能够吸引大量的用户关注，还能增强视频的时效性和话题性。

2. 借鉴竞品与成功案例

竞品与成功案例是获取热门短视频主题的重要参考，通过分析同领域内的竞品和成功案例，可以了解当前市场的热门主题、流行元素和创作趋势。借鉴并不意味着完全复制，而是要在学习的基础上进行创新，形成自己独特的风格和特色。例如，可以观察竞品短视频的标题、封面、内容结构、叙事方式等方面，以寻找可以借鉴和改进的地方。

3. 利用创意工具与平台

在 AI 短视频内容的策划过程中，可以利用各种创意工具与平台来激发灵感和获取热门主题。例如，短视频平台通常会提供热门活动榜、热门话题榜、挑战赛等功能，这些功能可以帮助创作者了解当前最热门的话题和趋势，如图 8-4 所示。

图 8-4　借助短视频平台获取热门主题

创作者还可以使用一些在线创意工具来生成视频脚本、设计视觉效果等（在前面第 2 章中已经详细介绍过，这里不再重复讲解）。此外，还可以关注一些专业的创意网站、社交媒体账号或论坛，这些地方经常会有新的创意和想法涌现。

4. 鼓励用户参与反馈

用户是 AI 短视频内容的最终接受者和传播者，他们的意见和反馈对于获取热门主题具有重要意义。因此，在内容策划过程中，应该积极鼓励用户参与和反馈。可以通过社交媒体、评论区、问卷调查等方式收集用户的意见和建议，了解他们对短视频内容的喜好和期望。根据用户的反馈进行调整和优化，可以使短视频更加贴近用户需求和市场趋势。

综上所述，获取热门的短视频主题需要紧跟时事热点、借鉴竞品与成功案例、利用创意工具与平台，以及鼓励用户参与反馈等多方面的努力。通过这些方法，可以不断挖掘新的创作灵感和热门主题，为短视频的成功传播奠定坚实的基础。

8.1.3　素材准备

扫 码
看视频

在 AI 短视频制作中，素材的准备是至关重要的一环。随着人工智能技术的不断发展，AI 辅助下的高效素材收集与筛选已成为现实，这极大地提升了短视频创作的效率和质量。利用 AI 技术，可以实现对海量视频、图片、音乐等素材的智能创作，创作者只需输入关键词或描述，AI 便能快速生成出符合需求的短视频素材。

　　AI 辅助下的素材收集不再局限于单一平台，而是能够整合多个平台的资源，为创作者提供更加丰富的选择。创作者可以通过 AI 短视频创作工具，例如即梦 AI、可灵 AI、腾讯智影以及剪映等工具，一键获取想要的视频素材，以满足不同的创作需求。图 8-5 所示为即梦 AI 平台中的短视频资源。

图 8-5　即梦 AI 平台中的短视频资源

8.1.4　预览与测试

扫　码
看视频

　　在视频正式生成前，需要进行多次预览和测试，以确保最终成品无瑕疵。要检查视频的画质、音频质量、流畅度等技术指标是否达标，以确保观众能获得良好的观看体验。图 8-6 所示为使用 AI 工具创作的一段创意短视频，画面流畅，能为观众带来有趣的视觉体验。

扫码
看效果

图 8-6　使用 AI 工具创作的一段创意短视频

用户还需要对视频内容进行全面审核，确保无敏感信息、错别字、侵权内容等，以维护品牌形象和版权安全。可以在小范围内邀请目标受众观看测试版视频，收集他们的反馈意见，并根据反馈进行必要的调整和优化。最后，还要确保视频能在不同平台、不同设备上正常播放，避免因格式兼容性问题导致观众流失。

8.2 分析短视频爆款案例并创新

在 AI 短视频创作领域，分析爆款并借势热点是提升曝光度、吸引用户关注及增加互动性的重要策略，通过细致分析这些案例的成功要素，我们不仅能够汲取灵感，更能在理解其背后逻辑的基础上，探索创新的边界，为未来的短视频创作注入新的活力与可能。本节将介绍分析短视频爆款案例并进行创新的相关内容。

8.2.1 分析爆款短视频的步骤

扫　码
看视频

通过分析已经成功的爆款短视频，可以提炼出它们之所以受欢迎的共同因素，如创意构思、叙事结构、视觉呈现、音乐选择、情感共鸣点等，为自己的短视频创作提供有价值的参考和灵感。分析爆款短视频的步骤如图 8-7 所示。

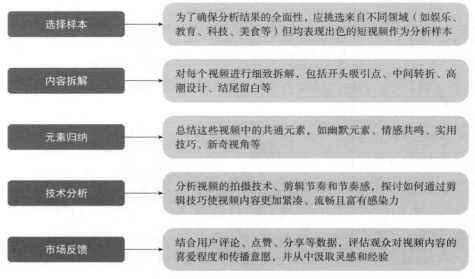

图 8-7　分析爆款短视频的步骤

8.2.2 学习爆款短视频的共通点

通过分析爆款短视频成功案例并学习其共通点，是提升短视频创作质量和引爆流量的重要途径。爆款短视频之所以能够在众多内容中脱颖而出，吸引大量观众关注和传播，主要得益于它们具备的一些共通点，相关分析如图 8-8 所示。

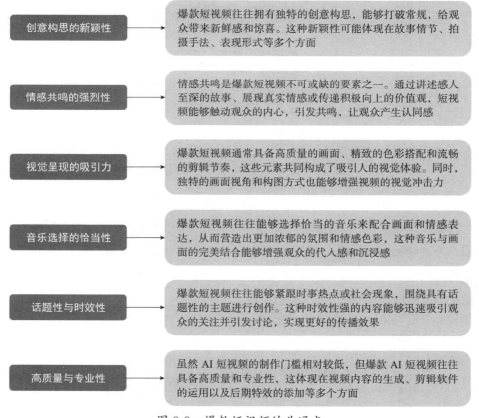

创意构思的新颖性 —— 爆款短视频往往拥有独特的创意构思，能够打破常规，给观众带来新鲜感和惊喜。这种新颖性可能体现在故事情节、拍摄手法、表现形式等多个方面

情感共鸣的强烈性 —— 情感共鸣是爆款短视频不可或缺的要素之一。通过讲述感人至深的故事、展现真实情感或传递积极向上的价值观，短视频能够触动观众的内心，引发共鸣，让观众产生认同感

视觉呈现的吸引力 —— 爆款短视频通常具备高质量的画面、精致的色彩搭配和流畅的剪辑节奏，这些元素共同构成了吸引人的视觉体验。同时，独特的画面视角和构图方式也能够增强视频的视觉冲击力

音乐选择的恰当性 —— 爆款短视频往往能够选择恰当的音乐来配合画面和情感表达，从而营造出更加浓郁的氛围和情感色彩，这种音乐与画面的完美结合能够增强观众的代入感和沉浸感

话题性与时效性 —— 爆款短视频往往能够紧跟时事热点或社会现象，围绕具有话题性的主题进行创作。这种时效性强的内容能够迅速吸引观众的关注并引发讨论，实现更好的传播效果

高质量与专业性 —— 虽然 AI 短视频的制作门槛相对较低，但爆款 AI 短视频往往具备高质量和专业性，这体现在视频内容的生成、剪辑软件的运用以及后期特效的添加等多个方面

图 8-8 爆款短视频的共通点

8.2.3 利用AI工具监测热门短视频

利用 AI 工具监测热门话题是一个高效且精准的过程，它结合了大数据分析、自然语言处理、机器学习等先进技术，能够实时捕捉并分析互联网上的热点信息。用

户可以通过数据分析平台、深度学习模型、AI视频分析引擎以及关键词竞争度分析等方法，来监测热门的短视频；还可以通过秘塔AI搜索工具搜索近期比较热门的短视频类型，如图8-9所示。

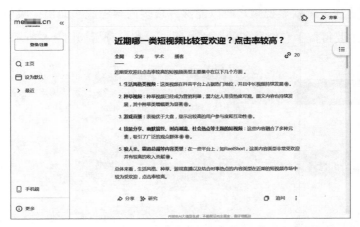

图8-9　通过秘塔AI搜索工具搜索热门的短视频类型

另外，天工AI也是一款功能强大的热点监测工具，以其实时性强的搜索能力著称。它能够在迅速回答当前热点问题的同时，提供多样化的搜索模式，以满足用户全面且个性化的信息需求，如图8-10所示。天工AI搜索的官网页面也提到了热点问题推荐功能，这进一步证明了其具备强大的热门话题监测能力，能够精准地向用户推送当前的热点关键词及相关信息。

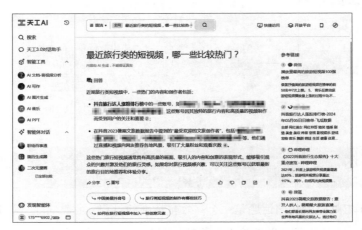

图8-10　使用天工AI搜索热门的短视频类型

8.2.4 将热点与自身内容巧妙结合

在监测和分析热门短视频后，接下来需要进行创新融合，将热点与自身内容巧妙结合，是一个提升内容吸引力和传播效果的关键策略。相关分析如图 8-11 所示。

图 8-11 将热点与自身内容巧妙结合

8.2.5 差异化策略让短视频脱颖而出

在短视频领域，内容创新与差异化是吸引观众、提升竞争力的核心要素。用户通过独特创意策划、表现形式多样化、垂直领域深耕以及跨界合作等策略的实施，可以创作出具有吸引力和竞争力的短视频内容，使自己的作品在同类内容中脱颖而出。下面对短视频内容的差异化策略进行相关分析。

1. 独特创意策划

在创作 AI 短视频时，创意是区分于其他内容的首要因素。独特的创意能够瞬间抓住观众的注意力，激发他们的好奇心和兴趣。因此，创作者需要不断拓宽思维边界，勇于尝试新的创意点子和表现手法。图 8-12 所示的这段 AI 短视频中，展现了一只猫独自坐在咖啡厅里面看报纸的故事，这个视频在角色的表现上极具创意和吸引力。

图 8-12　具有独特创意的短视频

另外，人类是情感动物，能够触动观众情感的内容往往更容易被记住和分享。因此，在创作短视频时，要注重情感元素的运用，通过幽默、感人、励志等方式与观众建立情感联系。可以通过故事化叙述，将产品或信息融入一个有趣、感人的短视频故事中，让观众在享受故事的同时，自然地接受并记住你想要传达的信息。

2. 表现形式多样化

运用多样化的形式和内容表现手法，如精美画面、剪辑技巧、音乐与音效、特效与动画等，可以提升视频的观赏性和娱乐性，下面进行相关讲解。

❶ 精美画面：通过高清画质、独特滤镜等视觉元素能够提升视频的观赏性和吸

引力，创作者应该注重视频画面的美感和表现力，通过视觉冲击力来抓住观众的眼球。图 8-13 所示的 AI 短视频中，展现了一段唯美的日落风光，画面精美，极具吸引力。

图 8-13　通过精美的画面吸引观众

❷ 动画特效：适当的动画特效能够显著提升视频的趣味性和观赏性，通过巧妙地运用这些特效，不仅能增强画面的视觉冲击力，还能进一步提升画面的表现力，如图 8-14 所示。

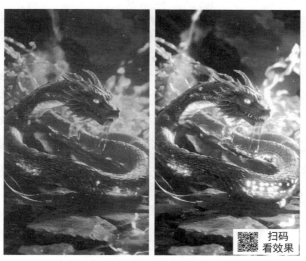

图 8-14　通过动画特效提升视频的表现力

❸ 剪辑技巧：剪辑是 AI 短视频制作中不可或缺的一环。通过巧妙的剪辑技巧，可以将多个镜头拼接成一个流畅、有趣的故事。同时，剪辑也可以用来强调某些关键信息或情感点，使短视频内容更加生动有力。

❹ 音乐与音效：音乐和音效是提升视频氛围和感染力的关键因素。选择与视频内容相匹配的音乐和音效，可以营造出独特的氛围和情感效果，使观众更加沉浸在视频的世界中。

提示

在表现形式上，用户还可以尝试不同的视频风格和叙事方式，如 Vlog、微电影、动画等，以区别于其他同类内容。

3. 垂直领域深耕

在短视频领域中选择一个自己擅长的垂直领域进行深耕是提升竞争力的有效途径。通过专注于某一领域的内容创作和传播，可以逐渐建立起自己的专业形象和品牌影响力。通过持续在细分领域输出优质内容，并与观众建立良好的互动关系，可以逐渐打造出自己的个人 IP。个人 IP 的建立将进一步提升内容的辨识度和影响力，使自己在同类创作者中脱颖而出。图 8-15 所示为在电影特效领域深耕的短视频作品。

图 8-15　在电影特效领域深耕的短视频作品

8.3 多渠道推广的引流策略

　　AI 短视频通过技术驱动，实现了快速生产和创新表达。在推广 AI 短视频的过程中，多渠道的推广策略可以帮助扩大其受众群体，实现更广泛的流量覆盖。通过社交媒体联动实现跨平台分享、合作与互推、精准投放广告和社群营销等推广方式，能够大幅度增加短视频的曝光度，吸引更多目标用户，最终实现流量的增长。本节将详细介绍多渠道推广的引流策略。

8.3.1 社交媒体联动实现跨平台分享

扫 码
看视频

　　社交媒体联动是指通过不同社交平台的联动与分享，最大化短视频的曝光机会。每个社交平台都有其独特的用户群体和传播特性，因此利用多个平台进行内容推广可以覆盖更广泛的受众。图 8-16 所示为将短视频作品发布到视频号中的展现效果。

图 8-16　将短视频作品发布到视频号中

社交媒体联动实现跨平台分享的相关分析，如图 8-17 所示。

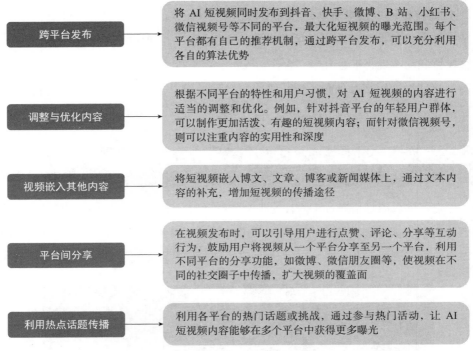

图 8-17　社交媒体联动实现跨平台分享的相关分析

提示

　　通过对各个平台的内容表现与播放量进行数据分析，可以优化跨平台分享策略。例如，观察每个平台的用户互动数据、播放量和转化率，确定哪个平台效果最好，从而针对性调整 AI 短视频内容的发布策略。

8.3.2　合作与互推共享资源扩大受众

扫　码
看视频

　　AI 短视频的独特优势在于内容的快速生产和多样化表现，合作与互推可以利用这些特点，与其他品牌、创作者和 KOL（Key Opinion Leader，关键意见领袖）共同打造内容，扩大受众。AI 短视频的合作与互推的相关分析如图 8-18 所示。

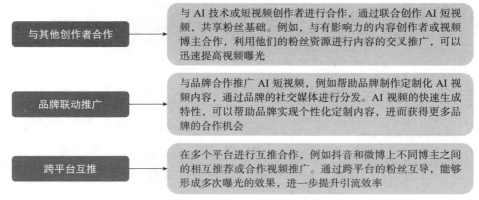

图 8-18　AI 短视频的合作与互推分析

8.3.3　利用AI算法精准投放视频广告

扫　码
看视频

AI 短视频不仅可以通过内容引流，还可以利用 AI 技术进行广告优化，进行通过精准广告投放实现高效引流。AI 算法的强大数据分析和智能优化能力，为精准投放视频广告提供了理想的技术基础。通过 AI 算法，可以更加高效地锁定目标受众、优化广告素材，并实时监控和调整投放策略，使广告效果达到最大化。

利用 AI 算法精准投放视频广告的相关分析如图 8-19 所示。

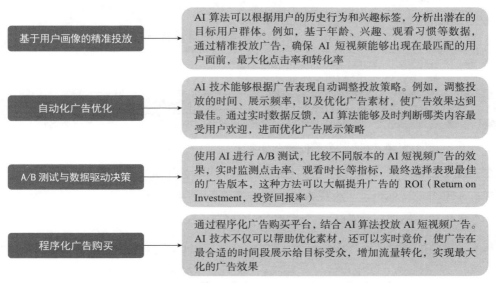

图 8-19　利用 AI 算法精准投放视频广告的相关分析

8.3.4　建立粉丝社群增强用户的黏性

扫　码
看视频

社群营销是通过将受众引导到私域流量池（如粉丝社群）中进行长期运营，从而增强用户黏性，培养忠实粉丝，提高流量的转化率，相关分析如图8-20所示。

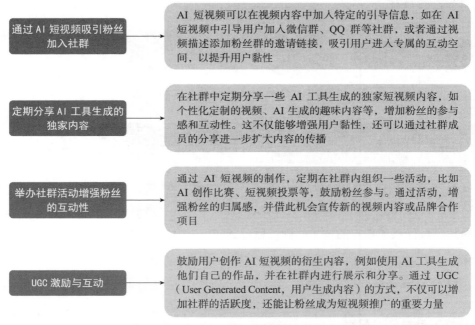

| 通过 AI 短视频吸引粉丝加入社群 | AI 短视频可以在视频内容中加入特定的引导信息，如在 AI 短视频中引导用户加入微信群、QQ 群等社群，或者通过视频描述添加粉丝群的邀请链接，吸引用户进入专属的互动空间，以提升用户黏性 |

定期分享 AI 工具生成的独家内容：在社群中定期分享一些 AI 工具生成的独家短视频内容，如个性化定制的视频、AI 生成的趣味内容等，增加粉丝的参与感和互动性。这不仅能够增强用户黏性，还可以通过社群成员的分享进一步扩大内容的传播

举办社群活动增强粉丝的互动性：通过 AI 短视频的制作，定期在社群内组织一些活动，比如 AI 创作比赛、短视频投票等，鼓励粉丝参与。通过活动，增强粉丝的归属感，并借此机会宣传新的视频内容或品牌合作项目

UGC 激励与互动：鼓励用户创作 AI 短视频的衍生内容，例如使用 AI 工具生成他们自己的作品，并在社群内进行展示和分享。通过 UGC（User Generated Content，用户生成内容）的方式，不仅可以增加社群的活跃度，还能让粉丝成为短视频推广的重要力量

图 8-20　建立粉丝社群增强用户的黏性

8.4　发布AI短视频的注意事项

在发布 AI 短视频时，除了视频制作本身的质量外，如何合理规划发布策略同样至关重要。每个平台的用户习惯、内容呈现方式以及互动反馈都有所不同，合理利用这些平台的特性可以大大提升视频的传播效果与用户黏性。因此，制定一套全面的发布策略，涵盖从发布时间、标题与封面到评论区管理的方方面面，将帮助 AI 短视频在激烈的竞争中脱颖而出。

8.4.1　根据平台与用户习惯选择发布时间

扫 码
看视频

选择适合的发布时间是提升 AI 短视频曝光率的重要策略之一，根据平台特点和用户的使用习惯，不同的发布时间会显著影响视频的观看量和互动率。例如，短视频平台（如抖音、快手）的用户多为年轻群体，通常在上下班通勤时间、中午休息时间和晚上娱乐时间段最为活跃。具体来说，早上 7 点～ 9 点、下午 12 点～ 14 点以及晚上 18 点～ 22 点是较为理想的发布时段。图 8-21 所示为在抖音平台早上 7 点40 分发布的一条短视频作品，播放量很高。

图 8-21　选择合理的发布时间

不同于短视频平台，B 站的用户群体也很广泛，活跃时段也更加多样化，通常周末或节假日是用户观看视频的高峰期，而工作日的晚上是相对较高的观看时间段。另外，利用 AI 工具可以分析用户的观看习惯，了解目标受众的活跃时段。通过数据分析，可以选择用户最容易在线并有空观看视频的时间发布，从而最大化视频的初始曝光量和互动率。

AI 短视频创作者还要考虑地理位置与时区的差异，全球性平台的用户分布在不同的时区，因此需要针对不同地区的用户群体设置不同的发布时间。如果视频的目标受众遍布全球，可以根据各主要时区的用户活跃时间分阶段发布视频，以覆盖全球用户。

扫 码
看视频

8.4.2 设计短视频标题与封面的关键要素

标题和封面是用户在浏览短视频平台时最先看到的内容，它们在决定用户是否点击视频方面起到了至关重要的作用。对于 AI 短视频而言，设计一个吸引人的标题和封面不仅能够提升点击率，还可以优化用户体验，增强品牌形象和影响力。

1. 标题设计的关键要素

短视频标题是传达内容核心的第一步，它能够影响用户的点击决策，因此需要做到精准、简洁和有吸引力。标题设计的关键要素的相关分析如图 8-22 所示。

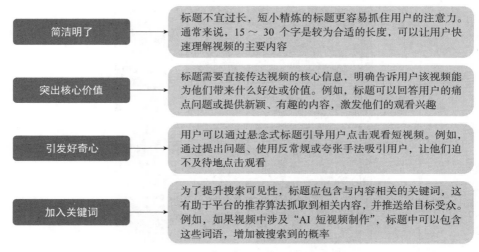

图 8-22　分析标题设计的关键要素

用户可以通过 AI 文案工具批量生成相应的短视频标题，下面以 Kimi 工具为例，介绍生成短视频标题的方法。

 提问

请为四川美食栏目的短视频提供 10 个比较有吸引力的标题，要通过提出问题、使用反常规或夸张手法吸引用户，让他们迫不及待地点击观看。

K Kimi

1.四川辣界终极挑战！你敢不敢尝一口让舌头跳舞的麻辣火锅？

2. 揭秘！四川小吃里藏着哪些让人欲罢不能的"隐形辣王"？

3. 一口入魂！四川这碗面，是如何让无数吃货甘愿排队三小时的？

4. 颠覆认知！四川甜品竟然也能辣出新高度？尝过才知"甜中带火"的魅力！

5. 不辣不四川？错了！带你品尝四川美食中的温柔乡——清新爽口篇！

6. 四川美食大揭秘！这些街边小吃，为何能让国际友人边吃边喊"巴适"？

7. 谁说四川只有辣？这些鲜香四溢的菜肴，让你重新定义四川味！

8. 挑战味蕾极限！四川这道"黑暗料理"，你敢说它不好吃？

9. 一碗汤的传奇！四川这道"忘情水"，喝了才知道何为魂牵梦绕？

10. 穿越千年，只为这一口！四川古法美食，带你领略舌尖上的历史风味！

2. 封面设计的关键要素

封面是用户决定是否点击视频的重要视觉元素，封面是否设计精美能够直接影响点击率。因此，封面的设计应做到视觉吸引、信息明确，且与视频内容高度相关。下面对封面设计的关键要素进行相关分析，如图 8-23 所示。

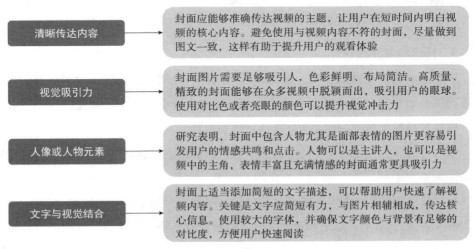

图 8-23　分析封面设计的关键要素

用户可以考虑使用 AI 工具自动生成合适的短视频封面图片，以确保封面视觉效果达到最佳。在前面第 3 章中向大家详细介绍了即梦 AI 工具，该工具不仅能生成视频，还可以生成各种 AI 图片，通过精心挑选的提示词和细致的参数调整，我们可以引导即梦 AI 理解自己的创意意图，并生成符合我们愿景的短视频封面图片，如图 8-24 所示。通过 AI 的辅助，即使是没有深厚设计功底的用户，也能实现心中所想，创造出令人惊叹的封面图像作品。

图 8-24　使用即梦 AI 生成的汽车类短视频封面作品

3. 标题与封面的结合

标题和封面需要共同作用，形成互补的效果，让用户在浏览平台时能够快速抓住视频的核心内容，并且激发其点击观看的欲望。标题与封面二者之间应有内在联系，确保其与视频内容一致，避免夸张或虚假宣传。

❶ 一致性与关联性：应确保标题、封面和视频内容之间的高度一致。标题是用来吸引用户点击的，而封面则是强化用户的第一印象。二者必须相互呼应，以确保用户对视频内容的期待与实际观看体验一致，从而提升用户的满意度和留存率。

❷ 呼应用户需求：标题和封面要针对目标受众的需求来设计，应明确展现视频可以解决的问题或提供的价值。例如，如果目标受众是对 AI 技术感兴趣的创作者，可以在封面中加入 AI 相关的视觉元素，并在标题中突出视频提供的技术干货。

图 8-25 所示为哔哩哔哩网站中比较热门的短视频标题与封面案例。

图 8-25 哔哩哔哩网站中比较热门的短视频标题与封面案例

8.4.3 通过标签与话题提升搜索可见度

为 AI 短视频添加合适的标签，可以帮助平台的推荐算法更好地理解视频内容，从而推送给对这些内容感兴趣的受众。选取与视频内容相关的高流量标签，可以提升视频的搜索排名和曝光机会。另外，结合当下热门话题或挑战赛，可以让视频更容易被受众发现。参与平台的热门话题，能够增加短视频在推荐流中的曝光概率。图 8-26 所示为在抖音平台中发布短视频时设置的标签与话题。

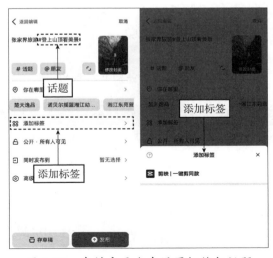

图 8-26 在抖音平台中设置标签与话题

8.4.4 通过管理评论区与粉丝积极互动

积极管理视频的评论区，与粉丝进行互动，回复粉丝的问题、感谢支持的评论，如图 8-27 所示，可以增加粉丝的参与感，提升粉丝对内容创作者的好感度。通过引导积极的评论和讨论，可以营造出良好的互动氛围。

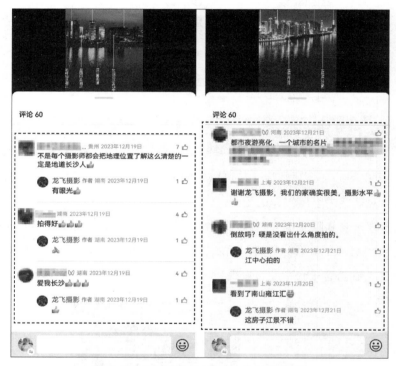

图 8-27 积极互动并回复粉丝的问题

> **提示**
>
> 例如，创作者可以在视频中提出问题或话题，鼓励粉丝在评论区分享自己的看法，这种正面互动有助于提升粉丝黏性和视频的热度。

8.4.5 妥善处理负面反馈以维护品牌形象

短视频创作者在管理评论区的时候，对于一些负面的言论要妥善处理，以维护品牌与自身形象，下面介绍两种处理方式。

❶ 正面回应批评：面对负面评论或反馈，采取冷静和专业的态度进行回应，避免引发更多负面情绪；还可以通过解释或沟通的方式，消除误解，如图 8-28 所示。

图 8-28　通过解释或沟通消除误解

❷ 利用负面反馈进行改进：负面的反馈也可以是改进内容的机会。通过分析负面评论中的建设性意见，及时优化 AI 短视频的内容和风格，可以逐步提升用户的整体满意度。

8.4.6　根据反馈与数据持续优化视频内容

扫　码
看视频

持续优化是成功运营 AI 短视频的重要环节，能够确保视频内容始终贴合目标受众的需求，并在竞争激烈的短视频市场中保持领先。通过对用户反馈和数据的深入分析，创作者可以调整视频的内容方向，优化制作策略，从而不断提升视频的观看量、互动率和用户满意度。视频内容的反馈与持续优化的相关分析如图 8-29 所示。

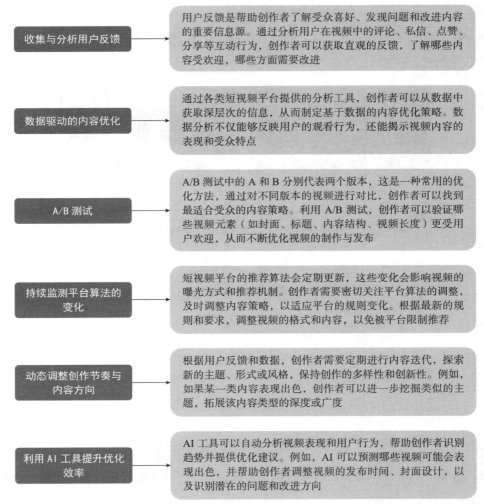

图 8-29　对视频内容的反馈与持续优化进行相关分析

8.5　短视频账号的粉丝维护与增长

随着短视频平台的快速发展，账号粉丝的数量和质量对创作者的成功至关重要。粉丝不仅是视频播放量的基础，也是品牌传播和创作灵感的源泉。为了实现粉丝的维护和增长，创作者需要在内容上不断创新，同时通过互动、活动和奖励机制与粉丝建立更紧密的联系。

本节主要介绍短视频账号的粉丝维护与增长的相关技巧，帮助短视频创作者提升账号的影响力和粉丝的忠诚度。

8.5.1　定期互动增强粉丝归属感与忠诚度

扫　码
看视频

定期与粉丝互动是维系粉丝关系、提高粉丝忠诚度的关键，通过积极回应粉丝的评论、私信，以及在视频中加入与粉丝的互动内容，创作者可以增强粉丝的归属感，使他们感受到自己在社区中的重要性，下面进行相关介绍。

❶ 回复评论和私信：通过积极回复粉丝的留言，不仅能增进粉丝与创作者的情感连接，还能展示创作者对粉丝的重视。及时回复粉丝问题、表达感谢或在评论区展开互动讨论，有助于提升粉丝的参与感和忠诚度。

❷ 直播互动：定期开展直播活动，与粉丝实时互动，能够进一步拉近与粉丝的距离。在直播中，创作者可以解答粉丝的问题、分享创作心得，甚至让粉丝参与到内容制作中，这样的互动能够有效增强粉丝对账号的归属感。图 8-30 所示为创作者发布直播预告的相关视频，粉丝们点击界面中的"预约"按钮，即可预约直播间。

图 8-30　创作者发布直播的相关视频

❸ 粉丝点名与致谢：在视频中主动感谢活跃粉丝或提及他们的名字，是一种非

常有效的互动方式，粉丝会因为这种个性化的互动感到特别和被重视，从而更加愿意参与互动和传播内容。

8.5.2　举办活动吸引新用户并激活老粉丝

短视频创作者通过举办各种线上线下的活动，可以吸引更多新用户的关注，同时激活现有粉丝的积极性。活动的参与性和奖励机制能够大大提升粉丝的互动热情，并促进粉丝的传播和分享，下面进行相关介绍。

❶ 内容挑战与比赛：内容挑战和比赛是增强粉丝互动、激发创作热情的有效方式。创作者可以定期发起内容创作挑战或比赛，邀请粉丝使用相同的主题或特定素材创作短视频。粉丝参与内容创作后，往往会通过社交媒体进行分享，这种二次传播效应可以帮助账号获得更多曝光，吸引新用户，还能让老粉丝感受到创作的乐趣，进一步加深他们与账号的联系。

❷ 抽奖与福利活动：举办带有奖励机制的抽奖活动也是吸引新粉丝和激活老粉丝的有效手段。创作者可以通过评论区抽奖、转发分享活动等方式，为粉丝提供福利（如定制礼品、账号周边产品或付费内容免费权限等），使粉丝感受到特殊待遇，增强他们对账号的忠诚度。

❸ 联名活动与合作：通过与其他创作者或品牌合作举办联合活动，可以为短视频账号带来更广泛的曝光。跨界合作能够扩大账号的受众群体，吸引新的粉丝关注，同时让现有粉丝参与更多有趣的互动活动，增加他们的活跃度。例如，创作者可以与某个品牌合作，共同发起一个内容创作活动，粉丝通过参与活动不仅有机会获得双方提供的奖励，还能够体验到更多有趣的互动环节，如图 8-31 所示。

图 8-31　联名活动与合作

8.5.3　会员制度为忠实粉丝提供更多福利

扫　码
看视频

针对忠实粉丝，创作者可以建立会员制度，提供更多专属福利和特权，进一步巩固粉丝的忠诚度。通过为会员粉丝提供专属的内容或活动，可以增强他们的参与感和归属感，提升粉丝的长期黏性，下面进行相关介绍。

❶ 会员专属内容：创作者可以为会员粉丝提供独家的视频内容或幕后花絮，让他们享有优先观看权或特定内容的访问权限。会员粉丝会因为获得特权内容而感到被特别对待，进而更加支持创作者的工作。

❷ 专属福利与优惠：会员制度可以包含定期的福利活动，如会员折扣、优先参加线下活动、免费领取周边等。通过提供实质性的奖励，可以增强忠实粉丝的黏性，同时吸引普通粉丝加入会员体系。

❸ 会员互动区：为会员粉丝开设专属的互动平台或社群（如微信群、QQ群等），创作者可以在该平台内与会员粉丝更加紧密地沟通交流。通过在社群中定期分享创作动态、提供创作建议或进行问答互动，可以增强粉丝对账号的黏性，提升他们的忠诚度。

8.6　本章小结

本章深入探讨了短视频运营的多项关键技巧，从制作前的受众分析、内容策划到素材准备和预览测试，每一个环节都至关重要。通过分析爆款短视频案例，学习其成功要素，有助于创作者创新内容。多渠道推广和精准广告投放策略能够扩大视频的受众范围。短视频的发布技巧与粉丝维护，将全方位助力打造高人气短视频。

学习本章内容后，读者将掌握短视频的高效运营策略，提升短视频质量，增强用户互动与黏性，从而扩大品牌影响力，实现粉丝增长与业务转化。

第 9 章

AI 视频全流程实战
《长沙风光宣传片》

　　随着 AI 技术的飞速发展，AI 在视频创作领域的应用日益广泛，为我们带来了前所未有的创意空间与效率提升。本章将引领大家深入 AI 视频制作的全流程，以《长沙风光宣传片》为例，从项目规划到效果定位，再到制作技巧与运营攻略，全方位解析如何利用 AI 技术打造一部既具地方特色又引人入胜的宣传佳作。

9.1 AI视频的项目规划与效果定位

尽管 AI 视频创作依赖先进的技术可以得到效果和效率的提升，但其成功与否很大程度上仍取决于前期的规划和定位。明确的目标和受众定位、详尽的竞品分析、借鉴成功案例的经验以及提示词的准备，都是项目启动前不可忽视的重要步骤。本节将帮助读者从战略高度掌握 AI 视频的规划技巧，确保 AI 生成的视频符合预期效果，并在创作过程中做到高效且具备差异化。

9.1.1 明确项目目标与受众定位

扫　码
看视频

在视频创作中，明确项目目标与受众定位是成功的起点，这不仅是一项理论工作，更是后续的 AI 生成和内容创作的清晰指引。

在《长沙风光宣传片》这个案例中，项目目标与受众定位将决定视频的核心风格、内容结构、视觉效果以及推广策略。通过精确设定目标和受众定位，创作者可以确保视频创作的高效、有针对性，并且能最大限度地满足观众的期待。

1. 明确项目目标：设定清晰的创作方向

项目目标是整个 AI 视频的灵魂，它为整个创作团队和 AI 提供了明确的方向。在设定项目目标时，创作者需要思考以下 3 个关键问题，如图 9-1 所示。

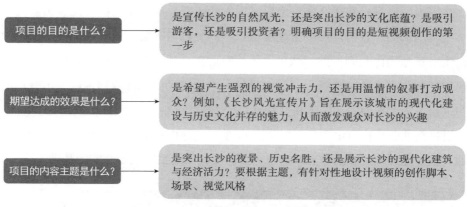

图 9-1　明确项目目标需要思考的问题

设定明确的项目目标有助于在整个创作过程中保持统一的基调和方向，避免偏离主题，同时能够帮助 AI 更好地生成与目标相符的内容。

2. 受众定位：精准抓住目标观众

视频的受众决定了创作风格和传播策略，因此在 AI 视频的规划阶段，受众定位至关重要。可以从以下 3 个维度来分析受众。

❶ 年龄层次：不同年龄段的人对视频内容的偏好差异较大。比如，年轻一代可能更喜欢节奏快、色彩鲜明、特效炫酷的视频，而中老年人则可能偏好悠然、细腻、充满情感的叙事风格。因此，了解观众的年龄层次可以帮助创作者在节奏和画面做出正确选择。

❷ 兴趣与偏好：目标观众的兴趣爱好也会影响视频内容的创作。例如，如果受众是对历史文化感兴趣的人群，视频可以多展示长沙的名胜古迹和人文故事；如果受众是年轻游客，视频则可以突出长沙的现代化娱乐设施、夜生活和美食文化。

❸ 地理位置：长沙宣传片的受众可能包括外地游客、海外观众、本地居民等。对于外地游客，视频应该重点展示长沙的风景名胜和文化特色；对于本地居民，则可以突出城市发展的新变化。

精准的受众定位不仅会决定视频内容的创作方向，还将影响后续的传播与推广策略。AI 技术可以根据这些定位细化提示词，生成具有针对性的视频内容，从而提高作品的吸引力和影响力。

3. 内容与情感的契合：激发观众共鸣

在明确项目目标和受众定位之后，创作者还需要确保视频内容能够引发受众的情感共鸣。例如，宣传片可以通过展示长沙的美景与人文，通过情感化的叙事让观众产生对长沙的向往和好感。如果宣传片是面向外地游客的，视频可以强调长沙人的热情好客与长沙的独特魅力；如果是面向本地居民的，视频则可以突出城市的繁荣与进步，激发他们的认同感和自豪感。

通过精准的目标设定和受众定位，AI 视频的创作将更具方向性，AI 生成的内容也能更精准地匹配观众的需求和期望，为后续的传播推广奠定坚实的基础。

9.1.2 分析竞品以寻找差异化优势

扫　码
看视频

竞品分析的核心目的是了解市场中已经存在的作品，找出它们的优点和不足，以此为基础确定自己项目的内容，以求设计出更具吸引力和辨识度的视频。通过对竞品的深入分析，创作者可以明确哪些元素是成功的关键，哪些地方可以进行改进，并找到符合自身项目特色的差异化方向。分析竞品不是简单地模仿或超越，而是要从中提炼出创作的灵感和独特价值，为后续的 AI 视频生成提供更具针对性的素材与策略。

1. 竞品分析的维度

例如，在制作《长沙风光宣传片》时，创作者可以先观看并分析国内外的城市宣传片，特别是那些在社交媒体平台上获得大量播放和好评的视频，如图 9-2 所示。

图 9-2 观看并分析国内外的城市宣传片

通过这些竞品，创作者可以了解观众对城市风光片的偏好，提炼出可以借鉴的元素，同时挖掘出市场中的空白点，为长沙的宣传片制定独特的创作策略。竞品分析包括多个维度，创作者可以从以下几方面进行综合考量。

❶ 内容创意：创意设计是吸引观众的关键。通过分析其他城市宣传片的创意点，例如是否采用独特的叙事手法、是否有创新的拍摄角度、是否运用了情感化的表达，创作者可以思考如何将这些创意与长沙的城市特色结合，生成更具个性化的 AI 视频内容。例如，其他城市通过历史与现代的对比展示城市发展，而《长沙风光宣传片》则可以尝试用 AI 生成未来城市的虚拟景象，以呈现长沙的科技与创新。

❷ 视觉风格：在竞品分析中，创作者应关注竞品视频的色彩基调、镜头语言、画面构图等视觉元素。通过对比不同竞品的风格，可以帮助确定《长沙风光宣传片》应采用何种视觉表达，以增强吸引力。例如，有些城市宣传片采用了明亮的色调，强调活力与现代感；而其他城市则可能采用了柔和的色彩和慢节奏，突出悠然的城市气息。通过这种对比，创作者可以为 AI 生成视频设定更符合长沙特质的视觉风格。

❸ 情感表达：许多成功的城市宣传片通过情感化的表达打动观众，触发观众对城市的向往或归属感。创作者可以通过分析竞品视频中情感元素的运用，例如背景音乐、叙事方式、人物故事等，思考如何在《长沙风光宣传片》中运用类似的技巧。结合长沙的文化底蕴和现代化进程，通过 AI 生成具有情感共鸣的内容，以更好地引发观众的兴趣和情感共振。

❹ 技术手法：制作技术也是分析的重点之一，特别是在 AI 视频制作中，技术手法直接影响最终的呈现效果。通过分析竞品中使用的特效、剪辑技巧、动画等，创作者可以借鉴并升级这些方案，以实现更好的表现效果。例如，如果竞品在拍摄和剪辑中大量使用了航拍镜头，《长沙风光宣传片》则可以考虑在此基础上运用 AI 生成的虚拟航拍效果，从而在视觉上实现进一步突破。

2. 找到差异化优势

在竞品分析后，创作者需要着重考虑如何在竞争激烈的市场中找到差异化的优势。差异化的优势可以体现在内容、风格、技术或情感表达上，具体包括以下 3 点。

❶ 独特的城市定位：每个城市都有自己独特的个性与文化基因，创作者需要挖掘出长沙的独特性，将其融入短视频的内容创作中。例如，长沙不仅是历史文化名城，也是现代化大都市，在美食、娱乐、科技等方面都有一定优势。在创作《长沙风光宣传片》时，创作者可以通过 AI 技术将这些元素有机结合，展现出长沙独特的城市魅力，与其他城市形成鲜明的区隔。

❷ 创新的叙事方式：通过竞品分析，创作者可以发现大多数城市宣传片采用了传统的叙事方式，如平铺直叙地展示城市景观。为了在众多城市宣传片中脱颖而出，《长沙风光宣传片》可以尝试采用创新的叙事方式，例如通过 AI 生成的字幕、音效讲述城市故事，或通过未来视角展望城市的发展，增强叙事的代入感和趣味性。

❸ 技术创新：AI 技术为视频创作带来了更多的可能性，通过运用先进的 AI 生

成技术，创作者可以在视频创作中加入竞品尚未应用的新技术。例如，可以运用 AI 生成动态特效、虚拟现实元素或互动式视频体验，让观众沉浸其中。这种技术创新可以帮助《长沙风光宣传片》脱颖而出，为观众带来耳目一新的观感体验。

通过竞品分析，创作者不仅能够清楚市场的现状与趋势，还能找到符合项目定位的差异化优势，在 AI 视频创作过程中，这些优势将成为提升作品竞争力的重要支撑，帮助《长沙风光宣传片》在众多城市宣传视频中脱颖而出。

9.1.3 借鉴爆款视频以解析成功要素

扫　码
看视频

在 AI 视频的创作中，借鉴爆款视频的成功经验是提升作品质量和传播力的有效途径。爆款视频之所以能够在海量内容中脱颖而出，背后往往有着成熟的创作思路、精准的受众定位、独特的表现手法和深刻的情感共鸣，下面进行相关讲解。

1. 内容创意与独特性

爆款视频的成功要素之一在于创意性和独特性，无论是创意脚本的设计，还是视觉表现手法的创新，成功的视频都能在短时间内抓住观众的眼球，并让人印象深刻。例如，在《长沙风光宣传片》的制作中，可以通过以下方式参考爆款视频的创意，如图 9-3 所示。

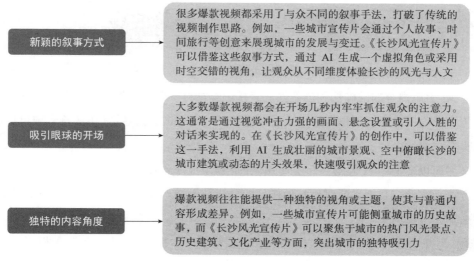

图 9-3　参考爆款视频的创意

2. 高效的视频节奏与剪辑

爆款视频通常在节奏控制上非常出色，能恰到好处地把握住每个信息点的传达时间，使观众始终保持高度的观看兴趣。通过对节奏与剪辑的精准把控，视频可以有效提升观众的观看体验。爆款视频的节奏与剪辑的相关分析如图9-4所示。

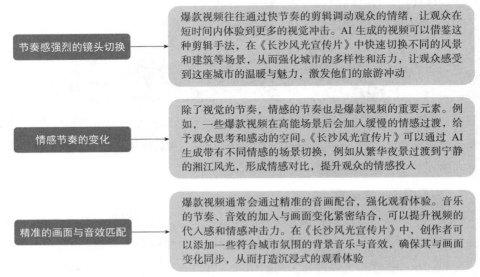

节奏感强烈的镜头切换 ▶ 爆款视频往往通过快节奏的剪辑调动观众的情绪，让观众在短时间内体验到更多的视觉冲击。AI生成的视频可以借鉴这种剪辑手法，在《长沙风光宣传片》中快速切换不同的风景和建筑等场景，从而强化城市的多样性和活力，让观众感受到这座城市的温暖与魅力，激发他们的旅游冲动

情感节奏的变化 ▶ 除了视觉的节奏，情感的节奏也是爆款视频的重要元素。例如，一些爆款视频在高能场景后会加入缓慢的情感过渡，给予观众思考和感动的空间。《长沙风光宣传片》可以通过 AI生成带有不同情感的场景切换，例如从繁华夜景过渡到宁静的湘江风光，形成情感对比，提升观众的情感投入

精准的画面与音效匹配 ▶ 爆款视频通常会通过精准的音画配合，强化观看体验。音乐的节奏、音效的加入与画面变化紧密结合，可以提升视频的代入感和情感冲击力。在《长沙风光宣传片》中，创作者可以添加一些符合城市氛围的背景音乐与音效，确保其与画面变化同步，从而打造沉浸式的观看体验

图 9-4   对爆款视频的节奏与剪辑进行相关分析

9.1.4   提示词准备：引导AI创作方向

扫　码
看视频

在 AI 视频的制作过程中，撰写提示词（Prompts）是至关重要的环节。提示词决定了 AI 生成内容的准确性和创意性，直接影响最终视频的效果。尤其在《长沙风光宣传片》的项目中，创作者可以通过精心设计的提示词，引导 AI 生成符合项目目标和受众需求的内容。

下面以文心一言为例，介绍使用 AI 工具生成《长沙风光宣传片》提示词的操作方法。注意，要把之前对比其他作品的分析结果融入提示词。这里为了便于展示，并未加入分析结果。

STEP 01 打开文心一言的"对话"页面，单击底部的文本框，在文本框中输入相应指令，指导 AI 生成特定的回复，相关指令和回复内容如下。

提问

我要制作一段长沙宣传片，请提供相应的视频脚本。

文心一言

【开场画面】

（镜头缓缓推进，晨光初破晓，岳麓山的轮廓在薄雾中若隐若现，配以悠扬的古筝乐。）

旁白（温暖而深情）："在湘江的温柔怀抱中，有一座城，它以千年的历史为墨，以自然的馈赠为笔，绘就了一幅幅动人心魄的画卷。这，就是长沙——一座历史与现代交织，自然与人文共生的璀璨明珠。"

【第一篇章：历史古韵】

（镜头切换至贾谊故居、岳麓书院，古色古香的建筑在阳光下更显庄重。）

旁白："走进长沙，便是走进了一部厚重的历史长卷。贾谊的忧国忧民，在千年的时光里回响；岳麓书院的书声琅琅，传承着千年的文脉与智慧。每一砖一瓦，都诉说着过往的辉煌与沧桑。"

【第二篇章：美食天堂】

（画面转至坡子街、太平老街，热闹非凡，各式小吃琳琅满目。）

旁白："说到长沙，怎能不提那令人垂涎欲滴的美食？从热辣鲜香的臭豆腐，到软糯可口的糖油粑粑；从香辣诱人的剁椒鱼头，到唇齿留香的口味虾。每一道美食，都是长沙人对生活热爱的极致表达。"

【第三篇章：现代都市】

（镜头掠过IFS国金中心、橘子洲头的现代建筑群，夜晚的灯光璀璨夺目。）

旁白："历史的长河滚滚向前，长沙亦在时代的浪潮中焕发新生。摩天大楼拔地而起，现代都市的繁华与活力在这里交织碰撞。橘子洲头，伟人青年时代的豪情壮志仿佛依旧在江风中回响；IFS国金中心，则是国际潮流与本土文化的完美融合。"

【第四篇章：自然风光】

（展示石燕湖、大围山的自然风光，四季变换，美不胜收。）

旁白："长沙之美，不仅在于城，更在于这方水土的灵秀。石燕湖的碧波荡漾，大围山的层峦叠嶂，四季更迭中，每一帧都是大自然的精心雕琢。在这里，你可以放慢脚步，感受大自然的呼吸，让心灵得到最纯粹的洗礼。"

……

STEP 02 获得文心一言的回复后，如果用户对生成的回复内容不满意，可以再次输入相应的提示词，重新生成《长沙风光宣传片》的视频脚本，相关指令和回复内容如下。

 提问

我要制作一段《长沙风光宣传片》，请提供相应的视频脚本。

文心一言

【第一篇章：城市天际线】

（镜头从高空俯瞰，长沙城在晨曦中缓缓苏醒，湘江如一条玉带穿城而过，配一首轻快而激昂的背景音乐。）

旁白（充满活力与期待）："在东方的晨曦中，一座城市悄然绽放，它以湘江为魂，以岳麓为骨，它就是——长沙，一座充满活力与魅力的现代都市。"

【第二篇章：湘江风情】

（镜头转至湘江两岸，展现沿江风光带、橘子洲头的美丽景色，以及夜晚的灯光秀。）

旁白："湘江，这条流淌了千年的河流，见证了长沙的兴衰与变迁。沿江而建的风光带，是市民休闲的好去处；橘子洲头，伟人青年时的雕像矗立，仿佛诉说着那段激情燃烧的岁月。夜幕降临，两岸灯火辉煌，湘江两岸的灯光秀更是将这座城市装点得如梦似幻。"

【第三篇章：自然之美】

（展示岳麓山、石燕湖等自然风光，展现长沙的生态之美。）

旁白："长沙，不仅是一座繁华的都市，更是一片自然的绿洲。岳麓山的郁郁葱葱，石燕湖的碧波荡漾，每一处都让人心旷神怡。"

【第四篇章：人文底蕴】

（镜头切换至岳麓书院、贾谊故居、太平老街等历史文化遗迹，展现长沙深厚的人文底蕴。）

旁白："长沙，是一座历史悠久、文化底蕴深厚的城市。岳麓书院的书声琅琅，传承着千年的文脉，在这里，你可以感受到浓厚的文化氛围和历史底蕴。"

【结尾】

（镜头回到长沙的全景，夜幕降临，城市灯火辉煌，人们脸上洋溢着幸福的笑容。）

旁白："长沙，一座充满活力与魅力的城市，它以独特的魅力吸引着世界的目光。在这里，你可以感受到现代都市的繁华与便捷，也可以领略到自然风光的秀丽与壮美；你可以品味到悠久历史的文化底蕴，也可以感受到当代人民的幸福生活。长沙，期待与您共同书写更加辉煌的篇章！"

"长沙——不只是一座城，更是一种生活态度！"

STEP 03 上述文心一言再次生成的回复偏向于城市风光，与我们的视频主题更加契合了。如果创作者还想获得更多的视频文案，可以继续输入相应的指令，指导 AI 生成特定的回复，获取到更多的视频文案，相关指令和回复内容如下。

提问

以长沙城市风光为主题，提供 10 条图文分享类短视频文案，要求：语句唯美，富含哲理，并提供配图建议。

文心一言

1.晨曦中的湘江梦

文案："晨曦微露，湘江如镜，映照着长沙初醒的温柔。每一滴水珠，都藏着这座城市未了的梦。"

配图建议：清晨的湘江，薄雾缭绕，远处城市天际线若隐若现，金色阳光洒在江面上。

2.岳麓山的守望

文案："岳麓山不言，却以千年苍翠，诉说着过往与未来。每一片叶子的摇曳，都是对时光最深沉的致敬。"

配图建议：岳麓山全景，山林间光影交错，云雾缭绕，山巅古建若隐若现。

3. 灯火阑珊处，长沙夜未央

文案："夜幕低垂，灯火阑珊，长沙的夜，是未完的诗，是未了的歌。每一盏灯火，都照亮了一个归家人的路。"

配图建议：长沙夜景，高楼林立，霓虹闪烁，街道上车水马龙，人群熙熙攘攘。

4. 橘子洲头，风华正茂

文案："橘子洲头，风华正茂，伟人雕像屹立，望断江水东流。每一阵风过，都似乎在低语那段激情岁月。"

配图建议：橘子洲头伟人雕像面向湘江，背景是长沙城市天际线，夕阳或晨曦映衬下更显庄重。

5. 老街故事，悠悠岁月长

文案："太平老街，石板路上回响着岁月的低吟。每一块青砖灰瓦，都藏着一段说不尽的故事。"

配图建议：老街巷弄，古色古香的建筑，街道两旁店铺林立，游客与居民穿梭其间，热闹非凡。

6. 梅溪湖畔，静谧时光

文案："梅溪湖畔，水波不兴，是喧嚣都市中的一片净土。每一缕清风，都带来心灵的慰藉。"

配图建议：梅溪湖公园，湖面如镜，倒映着蓝天白云和周围建筑，湖边绿树成荫，游人悠闲散步。

7. IFS 之巅，俯瞰繁华

文案："站在 IFS 之巅，俯瞰这座城市的繁华。每一座高楼，都是梦想的灯塔；每一片灯火，都是奋斗者的星光。"

……

STEP 04 当创作者使用文心一言生成了足够多的短视频脚本和提示词后，就可以对视频脚本和提示词进行整理了，以提取出我们需要使用的部分。

9.2 《长沙风光宣传片》AI视频的制作技巧

当创作者针对 AI 视频进行了明确的项目规划并准备好视频脚本后，就可以使用即梦 AI、可灵 AI 以及剪映等工具制作《长沙风光宣传片》了,这个过程中主要应用了文生视频、图生视频以及视频剪辑等功能。本案例效果如图 9-5 所示。

图 9-5　效果欣赏

9.2.1　文生视频:利用脚本,AI生成视频画面

扫 码
看视频

　　使用文心一言生成相应的视频脚本后,接下来使用即梦 AI 的"文本生视频"功能制作《长沙风光宣传片》的部分视频画面,具体操作步骤如下。

STEP 01 打开即梦 AI 首页,在"AI 视频"选项区中单击"视频生成"按钮,进入"视频生成"页面,切换至"文本生视频"选项卡,输入相应的提示词,用于制作第 1 段 AI 视频效果,如图 9-6 所示。

STEP 02 在下方设置"运动速度"为"慢速",表示视频画面慢速播放;设置"视频比例"
为 4:3,表示生成横幅视频,单击"生成视频"按钮,如图 9-7 所示。

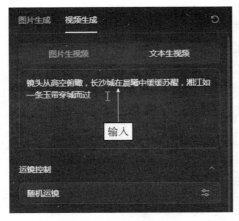

图 9-6　输入相应的提示词（1）　　　　图 9-7　单击"生成视频"按钮

STEP 03 稍等片刻,即可生成相应的视频效果,将鼠标移至视频画面上,即可自动播
放 AI 视频效果,如图 9-8 所示。

图 9-8　自动播放 AI 视频效果

STEP 04 在文本框中继续输入相应的提示词,用于制作第 2 段 AI 视频效果,如图 9-9
所示。

STEP 05 设置"运动速度"为"慢速"，"视频比例"为4∶3，设置视频属性，如图9-10所示。

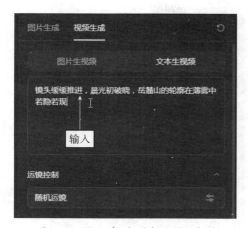

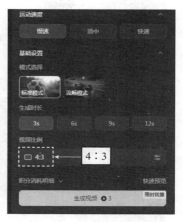

图9-9　输入相应的提示词（2）　　　　图9-10　设置视频属性

STEP 06 单击"生成视频"按钮，即可生成相应的视频效果，如图9-11所示。

图9-11　生成相应的视频效果（1）

STEP 07 用同样的方法，继续在"文本生视频"选项卡中输入相应的提示词，指导AI生成相应的视频，部分效果如图9-12所示。单击视频右上角的下载按钮 ⬇ ，导出视频。

图 9-12　生成相应的视频效果（2）

提示

　　如果用户希望生成高清画质，可以单击视频右下方的提升分辨率按钮**HD**，生成高清的视频效果。

9.2.2　图生视频：静态图像的动态演绎

扫　码
看视频

　　下面介绍使用可灵 AI 的"图生视频"功能制作《长沙风光宣传片》的部分视频画面，具体操作步骤如下。

STEP 01 打开可灵 AI 首页，单击"AI 视频"按钮，进入"AI 视频"页面，在"图生视频"选项卡中单击上传按钮，如图 9-13 所示。

STEP 02 弹出"打开"对话框，在其中选择相应的图片素材，如图9-14所示。

图9-13　单击"上传"按钮

图9-14　选择相应的图片素材

STEP 03 单击"打开"按钮，即可上传图片素材，如图9-15所示。

STEP 04 在"图片及创意描述"文本框中输入相应的提示词，如图9-16所示，指导AI生成特定的视频。

图9-15　上传图片素材

图9-16　输入相应的提示词

STEP 05 单击"立即生成"按钮，此时AI开始解析图片内容与提示词描述，并生成相应的动态视频效果，如图9-17所示。

STEP 06 用同样的方法重新上传一张图片素材，输入相应的提示词，用于指导AI生成特定的视频，如图9-18所示。

STEP 07 单击"立即生成"按钮，此时 AI 开始解析图片内容与提示词描述，并生成相应的动态视频效果，如图 9-19 所示。

图 9-17　生成相应的动态视频效果（1）

图 9-18　上传图片并输入提示词

图 9-19　生成相应的动态视频效果（2）

STEP 08 用同样的方法，依次上传其他的图片素材，生成相应的动态视频效果，如图 9-20 所示。在生成的视频预览图下方，依次单击下载按钮，导出全部视频效果。

图 9-20 生成相应的动态视频效果（3）

9.2.3 视频剪辑：AI辅助的高效编辑

扫 码
看视频

　　在即梦 AI 和可灵 AI 中生成相应的短视频片段后，接下来使用剪映对 AI 视频
进行合成处理，并添加视频片头特效、旁白字幕、人声朗读以及背景音乐等元素，
使制作的城市宣传片更具吸引力。具体操作步骤如下。

STEP 01 进入剪映 PC 版首页，单击"图文成片"按钮，如图 9-21 所示。

STEP 02 弹出"图文成片"面板，单击"自由编辑文案"按钮，进入相应面板，复制
从文心一言中整理出来的短视频脚本，将其粘贴至"图文成片"面板中，单击面板
右下角的音色按钮 ，在弹出的列表框中选择"解说小帅"选项，如图 9-22 所示，
设置朗读音色。

图 9-21　单击"图文成片"按钮

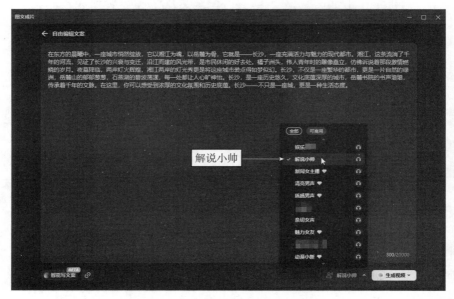

图 9-22　选择"解说小帅"选项

STEP 03 单击"生成视频"按钮，在弹出的列表框中选择"智能匹配素材"选项，如图 9-23 所示。

图 9-23 选择"智能匹配素材"选项

STEP 04 执行操作后，自动进入剪映编辑界面，即可使用 AI 功能生成相应的视频效果，其中包括素材、字幕、语音旁边和背景音乐，如图 9-24 所示。

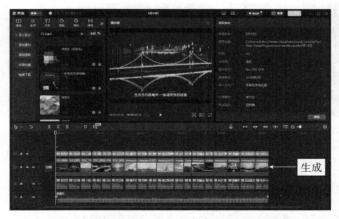

图 9-24 使用 AI 功能生成相应的视频效果

提示

在剪映中使用"图文成片"功能制作 AI 宣传片时，每一次生成的视频时长都会有所不同，而且朗读音色不一样，生成的字幕与语音旁白的时长也不一样，用户根据需要自由调节轨道素材的时长即可。

STEP 05 在"媒体"功能区的"本地"选项卡中，单击"导入"按钮，如图 9-25 所示。

STEP 06 弹出"请选择媒体资源"对话框，在其中选择之前生成并下载的 AI 短视频素材，并选择一段合适的背景音乐，如图 9-26 所示。

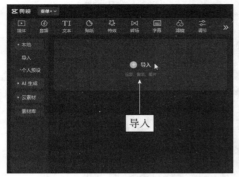

图 9-25　单击"导入"按钮

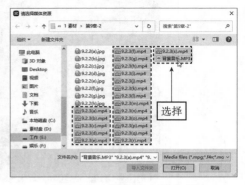

图 9-26　选择相应的素材

STEP 07 单击"打开"按钮，将视频导入"本地"选项卡中，并将视频轨道中原有的视频素材与背景音乐全部删除，只留下文本和语音旁白，如图 9-27 所示。

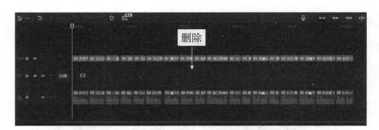

图 9-27　将视频轨道中原有的素材全部删除

STEP 08 全选"本地"选项卡中导入的视频素材，单击视频素材右下角的"添加到轨道"按钮 ，将视频素材全部添加到视频轨道中，如图 9-28 所示。

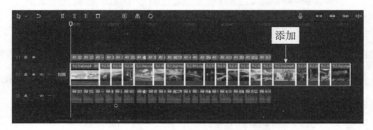

图 9-28　将视频素材全部添加到视频轨道中

STEP 09 在轨道中全选文本和语音旁白，按住鼠标左键并向右拖拽，调整文本和语音旁白的起始位置，如图 9-29 所示。

图 9-29　调整文本和语音旁白的起始位置

STEP 10 依次调整视频素材的时长，使其与字幕时长匹配。可根据实际需要自由调整，没有操作限制，直到调出自己满意的视频时长，如图 9-30 所示。

图 9-30　依次调整视频素材的时长

STEP 11 在"本地"选项卡中选择之前导入的背景音乐，将其添加到音频轨道中的合适位置，如图 9-31 所示。

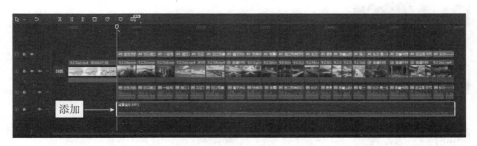

图 9-31　将背景音乐添加到音频轨道中的合适位置

STEP 12 在"播放器"面板中设置视频的尺寸为 4：3，调整视频的画面尺寸，在预览窗口中调整素材的大小，使其铺满整个画面，单击右上角的"导出"按钮，导出视频。至此，就完成了《长沙风光宣传片》视频的制作。

9.3　AI视频的发布策略与数据分析

打造一款成功的视频不仅包含创作过程，还包含将视频有效传递给目标受众，并通过精准的数据分析来优化推广的过程。对于《长沙风光宣传片》这样的城市宣传视频，发布策略的制定尤为关键，这能够决定其在社交平台和视频平台上的表现。同时，数据分析是持续优化运营效果的关键工具，它能帮助我们不断调试和改进发布策略，确保内容形成持续影响力和得到传播效果。

9.3.1　发布策略：精准触达目标受众

扫　码
看视频

在数字营销和短视频推广中，发布策略是确保内容成功传播的关键，特别是在推广《长沙风光宣传片》这类地方特色鲜明的 AI 视频时。通过制定精准的发布策略，能够使视频最大限度地触达目标受众，提升观看量、互动率以及后续的宣传效果。以下是几种主要的发布策略，帮助实现精准触达目标受众的目标。

1. 平台选择

选择适合的发布平台是确保视频能触及目标受众的第一步，不同平台的用户群体和传播机制各有不同，因此发布策略应根据平台特点量身定制，相关分析如图 9-32 所示。

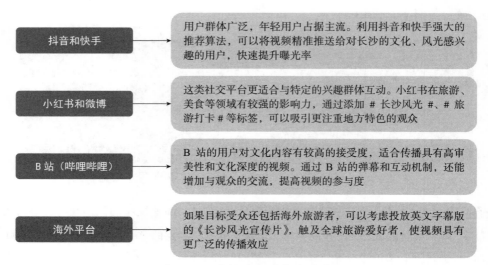

图 9-32　选择适合的发布平台

2. 受众定位与兴趣标签匹配

为了确保视频能精准推送给最感兴趣的观众，可以通过平台的兴趣标签系统对目标受众进行自动匹配。AI数据分析工具可以帮助创作者识别哪些群体对长沙的风景、文化、热门旅游景点等话题感兴趣，并以此为基础进行视频的定向推广，相关分析如图9-33所示。

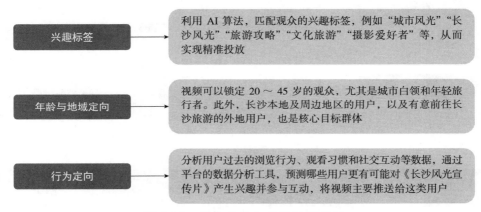

图 9-33 受众定位与兴趣标签匹配

另外，不同平台对视频内容的要求不同和平台上的用户的偏好也有所不同，因此可以对《长沙风光宣传片》进行内容优化和多版本制作，以更好地满足不同平台的需求。选择合适的发布时间也可以大大提高视频的曝光率和观看效果。通过分析目标受众的活跃时间，合理安排《长沙风光宣传片》的发布时间，能够确保视频在受众活跃时段获得更多的关注和互动。

9.3.2 数据分析与优化：持续改进运营效果

扫 码
看视频

在AI视频的推广过程中，数据分析是提高传播效果的核心环节。通过对《长沙风光宣传片》发布后的数据进行监控和分析，可以深入了解视频的表现、受众反应以及传播效果，从而对运营策略进行持续优化，相关分析如图9-34所示。

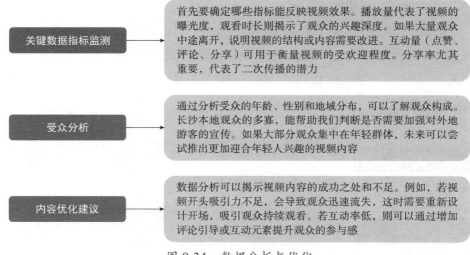

关键数据指标监测 首先要确定哪些指标能反映视频效果。播放量代表了视频的曝光度，观看时长则揭示了观众的兴趣深度。如果大量观众中途离开，说明视频的结构或内容需要改进。互动量（点赞、评论、分享）可用于衡量视频的受欢迎程度。分享率尤其重要，代表了二次传播的潜力

受众分析 通过分析受众的年龄、性别和地域分布，可以了解观众构成。长沙本地观众的多寡，能帮助我们判断是否需要加强对外地游客的宣传。如果大部分观众集中在年轻群体，未来可以尝试推出更加迎合年轻人兴趣的视频内容

内容优化建议 数据分析可以揭示视频内容的成功之处和不足。例如，若视频开头吸引力不足，会导致观众迅速流失，这时需要重新设计开场，吸引观众持续观看。若互动率低，则可以通过增加评论引导或互动元素提升观众的参与感

图 9-34　数据分析与优化

9.4　本章小结

本章详细介绍了《长沙风光宣传片》AI 视频项目的全流程，从明确目标与受众、竞品分析、视频创作、发布策略制定到运营数据分析与运营优化都进行了解读。通过学习本章内容，读者将掌握如何利用 AI 技术高效创作短视频，精准定位市场，优化内容与发布，并通过数据分析持续提升运营效果。本章内容不仅提升了读者 AI 短视频创作的能力，还增强了读者的市场洞察与运营策略的制定能力，助力读者在 AI 视频领域脱颖而出。

奇点临近

作者:（美）Ray Kurzweil 著　译者:李庆诚 董振华 田源　ISBN:978-7-111-35889-3 定价:69.00元

　　人工智能作为21世纪科技发展的最新成就，深刻揭示了科技发展为人类社会带来的巨大影响。本书结合求解智能问题的数据结构以及实现的算法，把人工智能的应用程序应用于实际环境中，并从社会和哲学、心理学以及神经生理学角度对人工智能进行了独特的讨论。本书提供了一个崭新的视角，展示了以人工智能为代表的科技现象作为一种"奇点"思潮，揭示了其在世界范围内所产生的广泛影响。本书全书分为以下几大部分：第一部分人工智能，第二部分问题延伸，第三部分拓展人类思维，第四部分推理，第五部分通信、感知与行动，第六部分结论。本书既详细介绍了人工智能的基本概念、思想和算法，还描述了其各个研究方向最前沿的进展，同时收集整理了详实的历史文献与事件。

　　本书适合于不同层次和领域的研究人员及学生，是高等院校本科生和研究生人工智能课的课外读物，也是相关领域的科研与工程技术人员的参考书。

推荐阅读

AIGC重塑教育：AI大模型驱动的教育变革与实践

作者：刘文勇 ISBN：978-7-111-73744-5 定价：79.00元

　　这本书能全面指导教师、家长、学生系统认识以ChatGPT为代表的AIGC技术为教育和学习带来的深远影响，并快速了解和掌握目前主流的AIGC工具在不同教育和学习场景中的应用，帮助教师、学生、家长先人一步实现角色转变，完成AI能力塑造，在未来的竞争中遥遥领先于对手，成为AI时代的先知和赢家。

　　本书内容针对教师、家长、学生这3个关键角色，围绕教育和学习全面展开。在AI时代，老师应该如何教，孩子应该怎样学，父母又该扮演什么样的角色，这3个教育和学习领域的关键问题都能在本书中找到答案。

Prompt魔法：提示词工程与ChatGPT行业应用

作者：丁博生 张似衡 卢森煌 吴楠 ISBN：978-7-111-74001-8 定价：89.00元

　　这是一本能指引我们每个人赢在AI时代的著作，它将教会我们在各种场景中熟练使用ChatGPT等AI工具和编写提示词，大幅提升我们的工作效率，让我们实现AI普惠，成为AI高手。

　　本书主要内容包括：AIGC的深刻影响及其背后的本质，ChatGPT/GPT-4等主流AIGC工具的配置、使用和选型，提示词（Prompt）编写的入门指南、基本原则、黄金公式和进阶技巧，AIGC辅助文案写作、文稿翻译、数据分析、邮件撰写、PPT制作、工作总结、知识整理、图片生成等工作，以及程序设计、艺术设计、游戏开发与设计、产品和运营、金融、教育、咨询等10余个行业和领域的AIGC应用场景和提示词写作技巧。